Walter Neusüß

Elektronik
– Bausteine und Schaltungen

J. B. Metzlersche Verlagsbuchhandlung
Stuttgart

Zum vorliegenden kolleg-text gehört ein Lehrerbegleitheft (Best. Nr. 70090).

Elektronik – Bausteine und Schaltungen ist ein Teil der Reihe kolleg-text/Grundkurs. Die Reihe wird herausgegeben von Dr. Rainer Draaf und Gerd Harbeck.

Graphische Darstellungen:
Atelier Renate Diener/Wolfang Gluszak, Düsseldorf

ISBN 3-476-50046-2

Druck 1983, 1982
Die letzte Zahl nennt das Jahr des Druckes.
Alle Drucke einer Auflage können nebeneinander im Unterricht verwendet werden.
Lithographie: R. Zwingmann, Leonberg
Satz: Bauer & Bökeler, Denkendorf
Druck: Gulde-Druck, Tübingen
Printed in Germany

Inhaltsverzeichnis

Einleitung

Elektronik ist zu einem Zauberwort unserer technischen Umwelt geworden. Von den einfachsten Küchenmaschinen bis hin zu komplizierten Rechenanlagen haben elektronische Schaltungen ihren festen Platz in der Geräteindustrie erobert. *„Das macht die Elektronik“* ist zu einer geläufigen Redewendung in unserem Sprachgebrauch geworden. Für den Laien sind die Schaltungen und die Funktionsabläufe nicht mehr zu durchschauen. Dabei sind die grundsätzlichen Vorgänge durchaus zugänglich. Ziel dieses Buchs ist es, an einfachen Überlegungen zu zeigen, wie elektronische Bauteile arbeiten und in Schaltungen zusammenwirken.

Die stürmische Entwicklung in der Halbleitertechnologie hat zu Bauelementen geführt, deren Arbeitsweise häufig nur noch durch mathematische Tabellen oder durch Kennlinien beschrieben wird. Eine umfassende physikalische Erklärung ihrer Arbeitsweise kann in einem einführenden Buch nicht erwartet werden. Hat man aber erlebt, wie einfache Bauelemente zu einer funktionsfähigen Schaltung zusammengesetzt werden können, so ist der Grundstein für das Verständnis der modernen Elektronik gelegt.

Aus der Fülle der elektronischen Möglichkeiten mußte bei dem vorgesehenen Umfang eine Auswahl getroffen werden. So soll an einigen Bauteilen und Schaltungen beispielhaft das Wesen der Elektronik aufgezeigt werden. Die mathematischen Hilfsmittel sind möglichst einfach dargestellt, um den Einstieg in die elektronische Fragestellung zu erleichtern. Möge die Vielzahl der beschriebenen Versuche zu weiteren Experimenten anregen.

Das Buch ist als begleitende Information für den Unterricht in einem Grundkurs der Sekundarstufe II gedacht. Es ist sprachlich so abgefaßt, daß auch ein Selbststudium möglich ist. Ohne eigene Experimente ist es jedoch schwer, einen rechten Zugang zur Elektronik zu finden. Deshalb sei jedem Leser empfohlen, die Versuche selbst durchzuführen. Erst die Freude an einer gelungenen Schaltung läßt die Elektronik zu einer lebendigen Wissenschaft werden.

Gettorf, im Januar 1980 *Walter Neusüß*

1. Leitungsvorgänge in Halbleitern

Halbleitende Stoffe sind in der Physik erst relativ spät untersucht worden. Während bereits in der Zeit von 1731 – 1736 über gute Leiter und schlechte Leiter berichtet wurde[1], sind Beobachtungen bei Halbleiterstoffen erst etwa hundert Jahre später veröffentlicht worden.

1874 wurde der Gleichrichtereffekt an Halbleitern entdeckt, ein Jahr später beschrieb Werner von Siemens das lichtabhängige Verhalten von Selenzellen. Nachdem sich die Erkenntnis der grundsätzlichen Leitungsmechanismen wie Elektronenleitung und Ionenleitung durchgesetzt hatte, konnten auch die elektrischen Eigenschaften der Halbleiter in einem Teilchenmodell erklärt werden.

Die bahnbrechende Entdeckung gelang erst 1948 drei amerikanischen Wissenschaftlern. Sie entdeckten den „Transistoreffekt“ und legten damit den Grundstein für die Halbleiterelektronik. Die bald stürmisch einsetzende Entwicklung von Halbleiterbauelementen hat einen ganz neuen Zweig der Physik und Technik entstehen lassen, dessen Bedeutung auch an den Umsätzen erkennbar ist. So werden allein von einem einzigen Großbetrieb mehr als eine Milliarde DM jährlich für die Halbleiterforschung ausgegeben.

1.1 Der reine Halbleiterkristall

Die wichtigsten halbleitenden Materialien sind Germanium (Ge) und Silizium (Si). Wie Kochsalz und Zucker kommen sie in kristalliner Form vor, d.h. ihre Atome sind regelmäßig angeordnet, so daß eine feste *Gitterstruktur* entsteht *(Bild 1.1)*. Das feste Kristallgefüge entsteht durch eine Elektronenbindung der Atome. Beim Germanium sind zur Bindung mit Nachbaratomen vier Elektronen vorhanden. Durch die regelmäßige Anordnung der Atome umgeben jedes Atom insgesamt 8 Elektronen. Dadurch entsteht eine Verbindung, die chemisch gesehen besonders stabil ist. *Bild 1.2b* zeigt eine schematische Zeichnung des Germaniumkristalls.

Das elektrische Verhalten von Stoffen wird hauptsächlich durch die Beweglichkeit von geladenen Teilchen bestimmt. So können sich z.B. in einem Metall nur die Elektronen frei bewegen und dadurch einen Stromfluß bewirken. Bei Flüssigkeiten sind es positiv und negativ geladene Ionen, deren Bewegung z.B. bei der Elektrolyse von Kupfersulfat beobachtet wird. Was geschieht nun in einem Halbleiterkristall?

1.1 Ähnlich wie diese schön gewachsenen Kochsalzkristalle tritt auch Germanium in kristalliner Form auf.

[1]) In "Philosophical Transactions" von Stephen Gray (1670–1736)

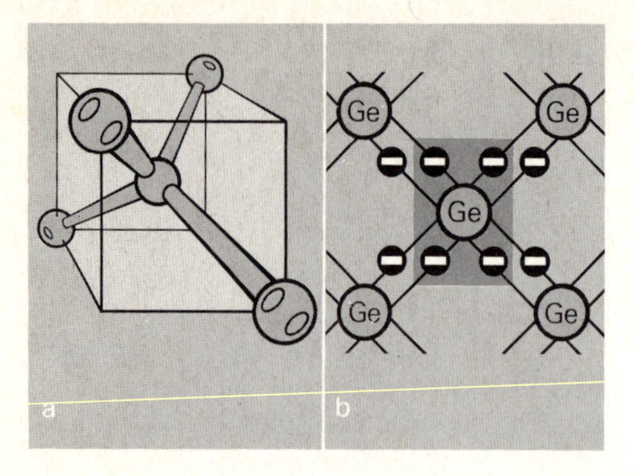

1.2 In einem Germaniumkristall sind die Atome regelmäßig angeordnet. (a) Räumliche Darstellung (b) schematische Schnittzeichnung

Die im *Bild 1.2b* dargestellte feste Verbindung der Elektronen mit den Atomen des Germaniums gilt nur bei sehr niedrigen Temperaturen. Eine höhere Temperatur äußert sich als stärkere Schwingung der Elektronen um ihre Ruhelage. Diese Bewegung kann schon bei Zimmertemperatur so heftig werden, daß die Verbindung „aufbricht" und das Elektron frei wird. Dies geschieht nicht gleichzeitig an allen Stellen des Kristalls, sondern „statistisch" verteilt. Man kann den Vorgang mit dem Verdunsten einer Flüssigkeit vergleichen: Bei Erwärmung können einige Teilchen die Flüssigkeit verlassen und als Dampf von der Luft aufgenommen werden. Doch die meisten Teilchen bleiben noch in der Flüssigkeit. *Bild 1.3* zeigt, wie bei Zimmertemperatur einige Elektronen die Gitterverbindung verlassen haben. Sie können sich nun im Kristall frei bewegen und eine Stromleitung bewirken.

Bei einem erwärmten Halbleiter sind frei bewegliche Elektronen vorhanden.

Hat nun ein Elektron die Bindung verlassen, so bleibt an der Stelle eine positiv geladene **Lücke** zurück. Durch die Zufuhr von Wärmeenergie entstehen daher zwei unterschiedlich geladene *„Teilchen"*: Das frei bewegliche Elektron und die positiv geladene Lücke. Man nennt diese Erscheinung eine **Paarbildung**.

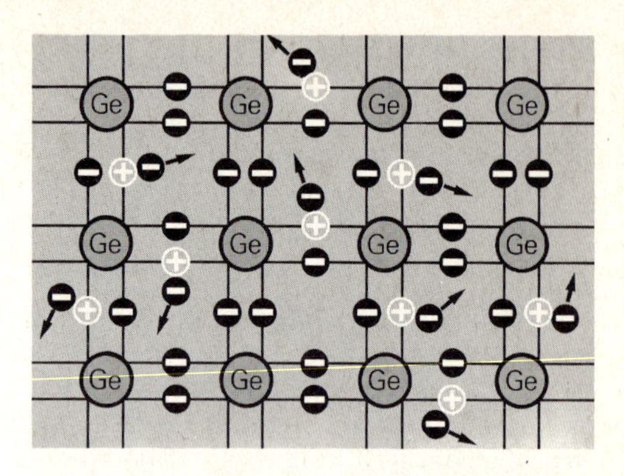

1.3 Durch Wärmeenergie lösen sich die Elektronen aus der Verbindung. Es entstehen frei bewegliche Elektronen und positiv geladene Lücken.

Auch die positiv geladene Lücke ist für die Stromleitung wichtig. Ist nämlich an einer Stelle des Kristalls eine Lücke entstanden, so wirkt diese stark anziehend auf benachbarte Elektronen, da sich ungleichartig geladene Teilchen anziehen. So kann es passieren, daß ein benachbartes Elektron oder ein bereits frei gesetztes Elektron die Lücke wieder auffüllt, so daß diese Stelle insgesamt gesehen wieder elektronisch neutral wird. Man spricht von einer **Rekombination**. Wird die Lücke von be-

1.4 Durch kurze Elektronensprünge erscheint eine Lücke frei beweglich.

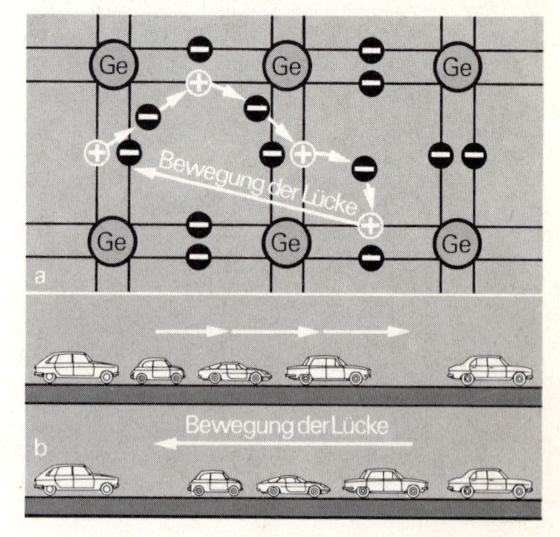

nachbarten Elektronen aufgefüllt, so bewegen sich diese Elektronen nur ein ganz kleines Stück.
Ein außenstehender Beobachter kann eine *Lückenbewegung* erkennen. Diese kommt wie folgt zustande: Es wird angenommen, daß in der Darstellung von *Bild 1.4a* in der unteren Reihe rechts eine Lücke entstanden sei. Ein Elektron, das in der Verbindung der beiden mittleren Ge-Atome ist, wird von der Lücke angezogen und springt hinein. Es hinterläßt selbst eine Lücke, die wiederum anziehend auf die benachbarten Elektronen wirkt. In der Zeichnung ist es das Elektron in der oberen linken Verbindung, das mit der Lücke rekombiniert. Dieser Vorgang kann sich über den Kristall ausdehen. Es sieht so aus, als ob sich die Lücke durch den gesamten Kristall hindurch bewegt. Man spricht deshalb von einer **Lückenbewegung**.

In einem erwärmten Halbleiter sind positiv geladene Lücken frei beweglich.

Man kann sich die Lückenbewegung an einem einfachen Modell veranschaulichen. *Bild 1.4b* zeigt einen Fahrzeugstau, aus dem, aus welchem Grund auch immer, der zweite Fahrer ausgeschert ist. Jeder folgende Fahrer wird nun ein Stück vorfahren, um die Lücke vor ihm zu schließen. Ein Beobachter, der sich den Stau von außen ansieht, würde feststellen, daß sich die Lücke durch den Stau hindurch nach links bewegt hat. Diese Bewegung einer Lücke im Fahrzeugstau kann die Lückenbewegung beim Germaniumkristall veranschaulichen: Die Autos stellen die Elektronen im Kristall dar. Der Sprung von Elektronen in eine benachbarte Lücke läßt die Lücke frei beweglich erscheinen.

Bei einem Halbleiter kann ein Strom durch die Bewegung von Elektronen und die Bewegung von Lücken entstehen.

Statt von Lücken spricht man in der Elektronik manchmal auch von *Löchern* oder von *Defektelektronen.*

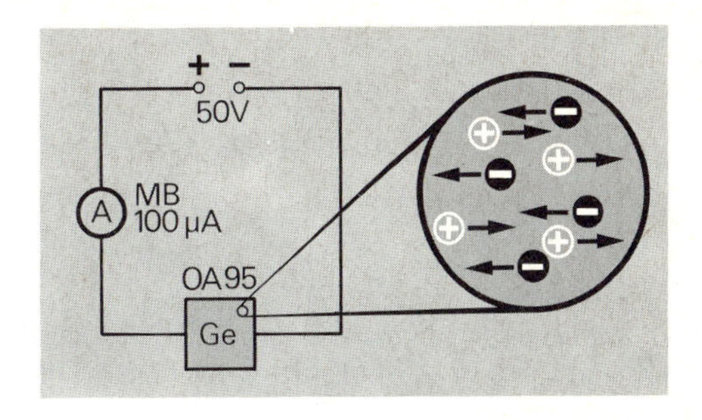

1.5 In einem Germaniumkristall entsteht der Strom durch die Bewegung von Elektronen und Lücken.

Die dargestellte Überlegung kann durch Experimente geprüft werden. Schaltet man einen reinen Germaniumkristall[1] in einen Stromkreis (*Bild 1.5*), so zeigt ein Strommesser eine geringe Stromstärke an. Wird nun der Kristall vorsichtig erwärmt, so steigt die Stromstärke an. Diese Beobachtung wird verständlich, wenn man bedenkt, daß durch Zufuhr von Wärmeenergie die Schwingung der Elektronen um ihre Ruhelage zunimmt. Dadurch nimmt die Paarbildung zu, so daß mehr Elektronen und Lücken zur Stromleitung zur Verfügung stehen.
Die Anzahl der beweglichen geladenen Teilchen ist im Germanium bei Zimmertemperatur sehr gering. Deshalb ist die meßbare Stromstärke auch klein. So kommt auf 10^9 Ge-Atome eine Paarbildung, also ein Elektron und eine Lücke. Dies bedeutet im Vergleich, daß in einer Stadt mit 10 Millionen Einwohnern nur *ein* Taxi zur Beförderung von Personen zur Verfügung stünde. Physikalisch gesehen entspricht die geringe Leitfähigkeit von Germanium einem großen spezifischen Widerstand. Das zeigt deutlich ein Vergleich mit einem Metall: Für Kupfer wird der Wert des spezifischen Widerstands mit $0{,}018\ \Omega\ mm^2/m$ angegeben, während er für reines Germanium in der Größenordnung von $20\ \Omega\ mm^2/m$ liegt.

[1]) In der Praxis benutzt man eine Diode, die in Sperrrichtung gepolt wird.

Aufgaben

1. Welche Versuche geben einen Hinweis darauf, daß in einem Metall nur Elektronen frei beweglich sind?
2. Beschreiben Sie ausführlich die Elektrolyse von Kupfersulfat.
3. Ein Germaniumkristall darf sich in einem Stromkreis nicht zu stark erwärmen, da er sonst zerstört wird. Wie erklären Sie diese Erscheinung mit der Vorstellung der Paarbildung?
4. Ein Halbleiterkristall hat einen spezifischen Widerstand von 15 Ω mm²/m. Er hat einen quadratischen Querschnitt mit der Kantenlänge $a = 2$ mm und eine Länge $l = 8$ mm. Welche Stromstärke fließt durch den Kristall, wenn eine Spannung von 45 V angelegt wird?

1.2 Dotieren von Halbleitern

Germanium und Silizium kommen auf der Erde relativ selten vor. Germanium findet man z.B. im Mineral Germanit, darin sind etwa 5 % Germanium vorhanden, den Rest bilden Fremdstoffe. Zur Herstellung von Halbleiterbauelementen wird sehr reines Material benötigt, das im sogenannten Zonenschmelzverfahren gewonnen wird (*Bild 1.6*). Bei diesem recht komplizierten Verfahren nutzt man die Tatsache aus, daß die Fremdstoffe gegenüber

1.6 Nur reine Halbleiter können als Material für Halbleiterbauelemente benutzt werden. Sie werden z.B. im „Zonenschmelzverfahren" gewonnen.

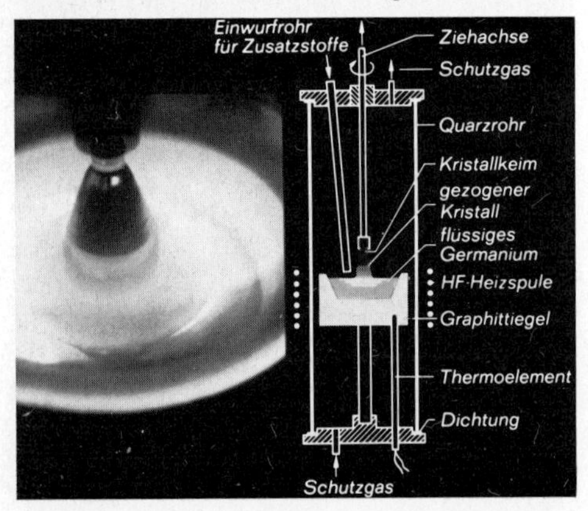

dem Germanium einen unterschiedlichen Erstarrungspunkt haben. Wird nun zunächst der Rohstoff verflüssigt, so können beim Erstarren die Fremdstoffe herausgefiltert werden. Man erreicht heute einen kaum vorstellbaren Reinheitsgrad. In einem reinen Ge-Kristall kommt auf 10^9 Ge-Atome nur ein Fremdatom.

Die Halbleiter sind für die Technik erst bedeutend geworden, nachdem es gelungen ist, die Leitfähigkeit erheblich zu erhöhen. Dies gelingt durch *gezielte* Verunreinigung des Halbleitermaterials. Man überläßt es also nicht dem Zufall, wie viele Fremdstoffe im Germaniumkristall vorhanden sind, sondern lagert dem reinen Kristall auf chemisch kompliziertem Weg eine ganz bestimmte Anzahl von Atomen eines anderen Stoffs ein. Diesen Vorgang nennt man **Dotieren** des Halbleiters. Dotierte Halbleiter bilden die Grundlage für die Herstellung elektronischer Halbleiterbauelemente.

Mit dotierten Halbleitern können erheblich größere Stromstärken als bei der Verwendung von reinen Halbleitern erreicht werden. Dies soll am Beispiel des Germaniums gezeigt werden. Germanium ist ein Element der vierten Gruppe des Systems der Elemente *(Bild 1.7)* und hat vier Elektronen zur Bindung frei. Ein Stoff der fünften Gruppe wie Phosphor hat dagegen fünf Elektronen zur chemischen Bindung zur Verfügung. Eine Erhöhung der Leitfähigkeit eines Germaniumkristalls kann nun dadurch erreicht werden, daß einige Phosphoratome in das Kristallgefüge des Germaniums eingelagert werden.

Bild 1.8a zeigt einen Ausschnitt des Germaniumkristalls, in den ein Phosphoratom eingebettet worden ist. Vier der fünf Elektronen des Phosphors stellen die feste Bindung mit dem Germaniumatom her. Das fünfte Elektron jedoch wird nicht zum Aufbau der Gitterstruktur benötigt. Dieses Elektron ist – anschaulich gesprochen – überflüssig und ist relativ schwach an diese Gitterstelle gebunden. Bereits bei Zimmertemperatur reicht die Wärmeenergie aus, um es abzulösen, so daß es im Kristall frei beweglich ist.

a III b	a IV b	a V b
5 B Bor 10,8	6 C Kohlenstoff 12,01	7 N Stickstoff 14,0
13 Al Aluminium 27,0	14 Si Silicium 28,1	15 P Phosphor 31,0
21 Sc Scandium 45,0	22 Ti Titan 47,9	23 V Vanadium 50,9
31 Ga Gallium 69,7	32 Ge Germanium 72,6	33 As Arsen 74,9
39 Y Yttrium 88,9	40 Zr Zirkonium 91,2	41 Nb Niob 92,9
49 In Indium 114,8	50 Sn Zinn 118,7	51 Sb Antimon 121,8

1.7 Die wichtigsten Elemente für Halbleiter sind Germanium und Silizium. Sie stehen in der vierten Gruppe des Systems der Elemente.

Jedes eingelagerte Phosphoratom gibt das fünfte, „überzählige“ Elektron ab, so daß im Kristall insgesamt ein Überschuß an beweglichen Elektronen als negative Ladungsträger herrscht. Deshalb spricht man auch von einem n-dotierten Kristall. Dabei muß man beachten: Der n-dotierte Kristall ist insgesamt nicht negativ aufgeladen, sondern elektrisch neutral.

Wird ein Kristall mit Phosphoratomen dotiert, so entsteht ein n-dotierter Kristall. In ihm kann ein Strom überwiegend durch Elektronen bewirkt werden.

In der Praxis wird etwa auf 10^6 Ge-Atome ein Phosphoratom eingelagert. Dies bedeutet, daß die Leitfähigkeit gegenüber dem reinen Ge-Kristall etwa um den Faktor 1000 zunimmt. Die überschüssigen Elektronen der Phosphoratome nennt man auch *Majoritätsträger* gegenüber den *Minoritätsträgern*, die durch normale Paarbildung innerhalb des Ge-Kristalls entstehen. Das Phosphoratom selbst wird häufig als *Donator* bezeichnet, denn es liefert die Elektronen für die Stromleitung.

Dotierte Halbleiter werden z.B. bei Fotowiderständen und Heißleitern (vgl. *2.3* und *2.4*) eingesetzt. Erst durch die Einlagerung von Fremdatomen werden Stromstärken möglich, die in einer nachgeschalteten „Elektronik“ verarbeitet werden können.

Die Leitfähigkeit eines reinen Halbleiterkristalls kann auch durch die Einlagerung anderer Fremdatome erhöht werden. Besonders interessant ist der Einbau von Atomen, d.h. das Dotieren mit Stoffen der dritten Gruppe des Systems der Elemente. Ein solcher Stoff ist Indium. Für die Bindung in einem Ge-Kristall

1.8 Wird ein Phosphoratom in den Germaniumkristall eingelagert, so steht das schwach gebundene, überschüssige Elektron für die Stromleitung zur Verfügung.

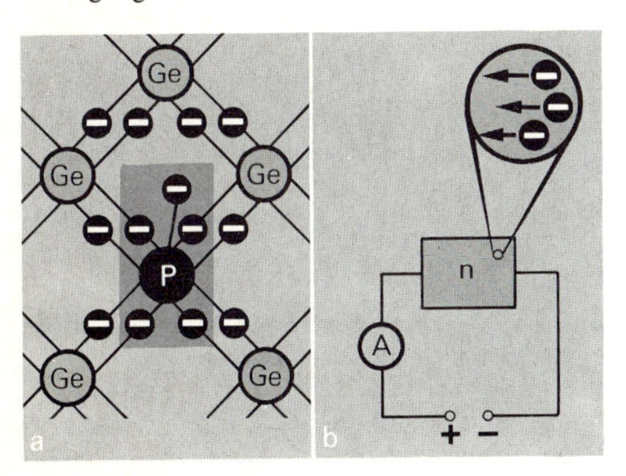

1.9 Wird ein Indiumatom in die Kristallstruktur eingelagert, so fehlt ein Elektron zur Bindung. Der Strom kann durch Lückenbewegung entstehen.

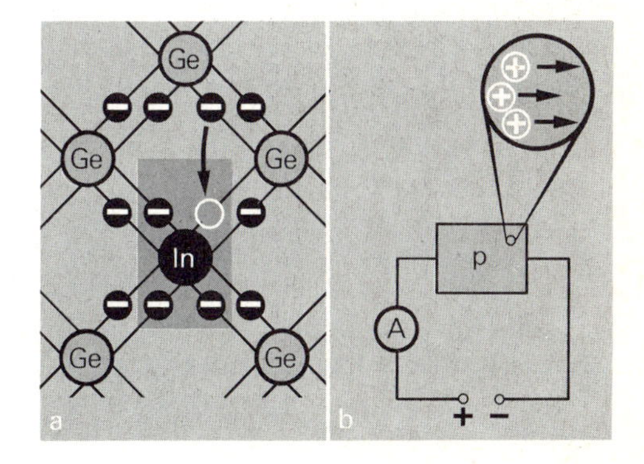

stellt Indium nur drei Elektronen zur Verfügung. *Bild 1.9a* zeigt einen Ausschnitt aus einem Kristall, der mit Indium dotiert ist.
Wie verhält sich ein solcher Kristall elektrisch? An den Störstellen entstehen Lücken. Benachbarte Elektronen können leicht in solche Lücken springen, so daß dort wieder eine normale Bindung vorliegt. Ein solches „springendes“ Elektron hat nun jedoch eine positiv geladene Lücke hinterlassen. Diese kann wiederum durch ein benachbartes Elektron aufgefüllt werden. Setzt sich dieser Vorgang fort, so erscheint die Lücke im Kristall frei beweglich. Diese Lückenbewegung ist schon bei der Paarbildung im *Abschnitt 1.1* beschrieben worden. Jedes Indiumatom liefert eine solche Lücke, daher sind in diesem Kristall überwiegend Lücken frei beweglich. Da die Lücken positiv geladenen Teilchen entsprechen, spricht man kurz von einem p-dotierten Kristall. Der Kristall ist natürlich insgesamt elektrisch neutral.

Wird ein Kristall mit Indiumatomen dotiert, so entsteht ein p-dotierter Kristall. In ihm wird der Strom überwiegend durch die Bewegung von positiv geladenen Lücken bewirkt.

Durch die Anzahl der eingelagerten Fremdatome wird die Anzahl der Lücken bestimmt. Sie bilden in einem p-dotierten Kristall die *Majoritätsträger*, wobei die durch Paarbildung entstehenden Elektronen vergleichsweise gering sind. Die Elektronen sind die *Minoritätsträger.* Die eingelagerten Fremdatome aus der dritten Gruppe werden auch *Akzeptoren* genannt, weil sie bevorzugt ein Elektron aufnehmen.
Bei dotierten Kristallen wird das elektrische Verhalten überwiegend durch die Majoritätsträger bestimmt. Deshalb sind in den schematischen Darstellungen von *Bild 1.10* nur die Majoritätsträger als frei beweglich gekennzeichnet. Um dem Irrtum vorzubeugen, der gesamte Kristall sei elektrisch geladen, sind die unbeweglichen Ladungsträger durch eine Grautönung angedeutet.

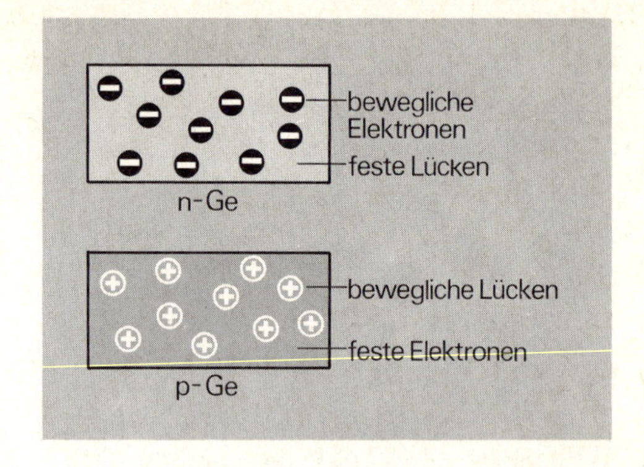

1.10 Auch bei dotierten Halbleitern ist der gesamte Kristall elektrisch neutral. Im n-dotierten Kristall sind Elektronen, im p-dotierten Kristall Lücken frei beweglich.

Die vorausgegangenen Beispiele haben hoffentlich einsichtig gemacht: Durch die Einlagerung von Fremdatomen läßt sich die Leitfähigkeit von Halbleiterkristallen wesentlich erhöhen. Die technischen Schwierigkeiten bei der Herstellung der dotierten Kristalle sind allerdings erheblich. Es soll auf diese Technik nicht weiter eingegangen werden.
In welcher Weise ein Kristall dotiert ist, läßt sich experimentell mit dem *Hall-Versuch* untersuchen. Da bei den weiteren Überlegungen jedoch stets die Dotierung des Kristalls durch das technische Datenblatt der Industrie bekannt sein wird, soll hier nicht auf diesen Versuch eingegangen werden.

Aufgaben

1. Nennen Sie weitere Stoffe, die zum Dotieren von Germaniumkristallen geeignet erscheinen.
2. Germanium und Silizium kommen in der Natur nur verunreinigt vor. Daher ist die Leitfähigkeit bereits viel größer als beim reinen Material. Warum muß dennoch zunächst das reine Material hergestellt werden, das anschließend dotiert wird?
3. Welche Gemeinsamkeiten und welche Unterschiede bestehen bei der Stromleitung durch einen n-dotierten Kristall gegenüber der Stromleitung durch einen Metalldraht?

4. *Bild 1.9b* zeigt einen p-dotierten Kristall in einem Stromkreis. Wie kann man durch Pfeile die technische Stromrichtung und wie die tatsächliche Bewegung der geladenen Teilchen in dem gesamten Stromkreis kennzeichnen?

1.3 Der pn-Übergang

Ein wichtiges Bauelement der Elektronik entsteht dadurch, daß ein p-dotierter Kristall und ein n-dotierter Kristall aneinander gesetzt werden. Man spricht dann kurz von einem **pn-Übergang.** Durch die unterschiedliche Dotierung kann an der Grenze eine Veränderung eintreten. Das soll nun untersucht werden.

Die Elektronen des n-dotierten Teils dringen durch Diffusion in das p-dotierte Gebiet ein, und die Lücken des p-dotierten Kristalls gelangen in den n-dotierten Teil. Dieser Vorgang wird durch die Anziehung von ungleichartig geladenen Körpern verstärkt *(Bild 1.11a).* In diesem Grenzbereich rekombinieren die Elektronen und die Lücken, so daß die Anzahl der frei beweglichen, geladenen Teilchen sehr stark abnimmt. Es entsteht eine Schicht, die

1.11 Werden ein p- und ein n-dotierter Kristall unmittelbar aneinandergesetzt, so entsteht eine Verarmungszone, in der sich ein Raumladungsgebiet aufbaut.

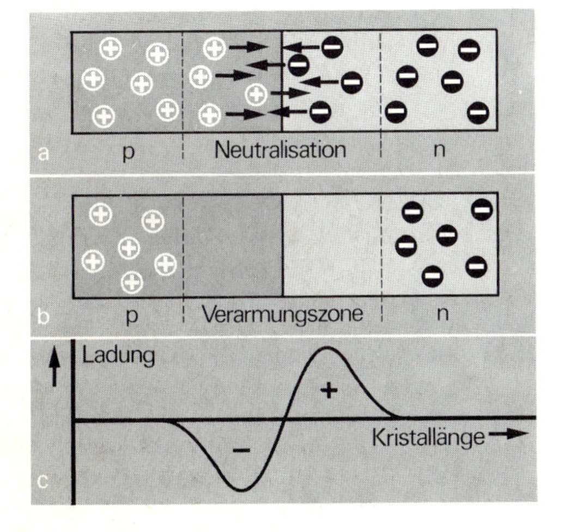

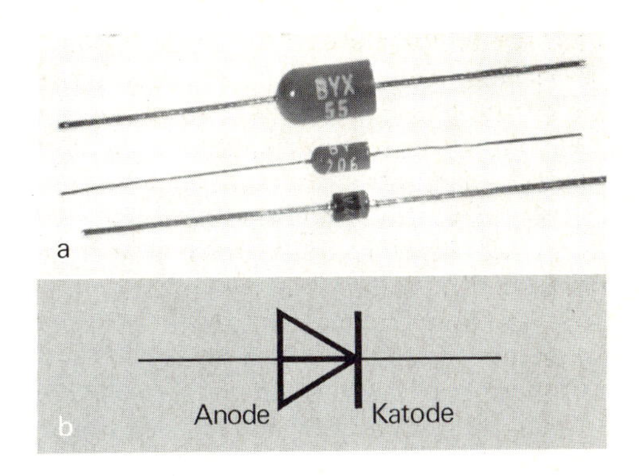

1.12 (a) Dioden werden in verschiedenen Formen von der Industrie hergestellt. (b) Schaltsymbol einer Halbleiterdiode

fast keine bewegliche Elektronen und Lücken mehr enthält. In *Bild 1.11b* ist diese **Verarmungszone** stark vergrößert eingezeichnet. In Wirklichkeit ist diese Zone nur etwa ein tausendstel Millimeter breit. Die Rekombination kann sich nicht über den gesamten Kristall ausbreiten, weil in der Verarmungszone eine Raumladung entsteht, wie sie in *Bild 1.11c* schematisch gezeichnet ist.
Wie entsteht diese Raumladung? Aus dem n-dotierten Teil diffundieren Elektronen in die p-Schicht. Sind diese Elektronen durch Rekombination „verschwunden“, so bleibt eine feste positiv geladene Zone zurück (graugetönte Fläche in *Bild 1.11b*). Entsprechend bilden die Elektronen im p-dotierten Teil eine Vergrößerung der negativen Ladung. Diese *Ladungsberge* verhindern, daß weitere Elektronen aus dem n-dotierten Kristall mit den Lücken des p-dotierten Kristalls rekombinieren können.

Bei einem pn-Übergang entsteht an der Grenze eine Verarmungszone, in der keine beweglichen, geladenen Teilchen vorhanden sind.

Da in der Verarmungszone keine geladenen Teilchen frei beweglich sind, ist dieses Gebiet für den elektrischen Strom nicht leitend. Erst wenn der pn-Übergang in einen Stromkreis geschaltet wird, kann die Leitfähigkeit der Verarmungszone beeinflußt werden. Bauelemente, die aus einem pn-Übergang bestehen, werden als **Halbleiterdiode** oder kurz als **Diode** bezeichnet. Dioden sind in verschiedenen Bauformen im Handel (*Bild 1.12a*), ihr Schaltsymbol zeigt *Bild 1.12b.*

Es soll nun untersucht werden, wie sich eine Diode in einem elektrischen Stromkreis verhält. Wird eine Diode über eine Glühlampe so an eine Energiequelle geschaltet, daß der p-dotierte Teil mit dem Pluspol verbunden ist, so beobachtet man am Leuchten der Lampe einen Stromfluß. Diese Erscheinung kann durch die Zeichnung von *Bild 1.13b* und *c* erklärt werden: Da der p-dotierte Teil der Diode an den Pluspol angeschlossen wurde, werden die Lücken in Richtung der Verarmungszone gedrängt. Im n-dotierten Teil werden die Elektronen durch den angeschlossenen Minuspol ebenfalls in die Verarmungszone „getrieben". So wird dieses Gebiet so stark mit frei beweglichen, geladenen Teilchen angereichert, daß ein Stromfluß möglich wird. Bei dieser Polung tritt praktisch keine Verarmungszone auf. Da bei dieser Polung ein Strom durch die Diode fließen kann, spricht man von der **Durchlaßrichtung** der Diode.

Bei der Schaltung in Durchlaßrichtung wird die Verarmungszone der Diode so stark durch geladene Teilchen „überschwemmt", daß ein Strom fließen kann.

Was geschieht nun, wenn die Polung an der Energiequelle vertauscht wird *(Bild 1.14a)*? Der Pluspol liegt jetzt am n-dotierten Kristall, der Minuspol am p-dotierten. Man beobachtet, daß die Glühlampe nun dunkel bleibt. Aus den *Teilbildern 1.14b* und *c* wird verständlich, warum jetzt kein Strom fließen kann. Durch die Polung der Energiequelle werden nun die frei beweglichen Teilchen jeweils von der Verarmungszone „abgesaugt". Die Elektronen bewegen sich zum positiven Anschluß, die Lücken zum negativen. Dadurch verbreitert sich die Verarmungszone gegenüber dem unbeschalteten pn-Übergang. Durch die verbreiterte Zone kann kein Strom fließen. Man nennt diesen Zustand die **Sperrichtung** der Diode.

1.13 Wird eine Diode in Durchlaßrichtung in einen Stromkreis gesetzt, so wird die Verarmungszone von beweglichen geladenen Teilchen „überschwemmt".

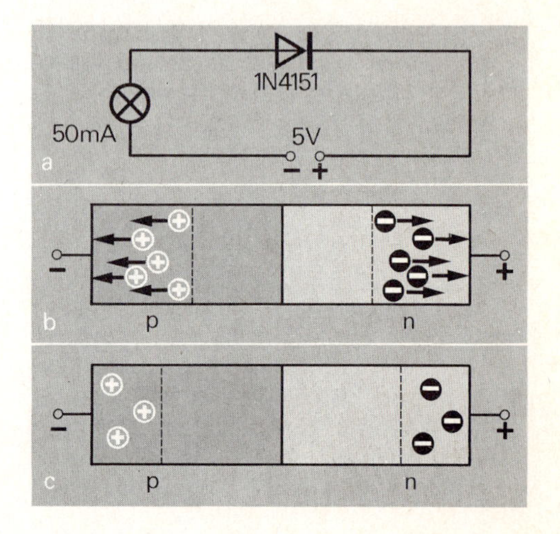

1.14 Wird die Diode in Sperrichtung betrieben, so verbreitert sich die Verarmungszone. Es kann kein Strom fließen.

Bei der Schaltung einer Diode in Sperrichtung wird die Verarmungszone des pn-Übergangs so groß, daß praktisch kein Strom fließen kann.

Die Aussage, daß in Sperrichtung kein Strom fließen kann, ist nicht ganz genau. Man sollte besser sagen: „*Die Stromstärke in Sperrichtung ist im Vergleich zur Durchlaßrichtung sehr gering*". Auch die Feststellung „es fließt ein Strom" ist noch sehr ungenau, weil damit nichts über die Stärke des Stroms ausgesagt wird.
Eine verfeinerte Betrachtung wird erst möglich, wenn untersucht wird, wie die Stromstärke von der angelegten Spannung abhängt. In Durchlaßrichtung *(Bild 1.15a)* ergibt sich für die Stromstärke in Abhängigkeit von der angelegten Spannung z.B. die folgende Meßtabelle:

U in V	0,1	0,2	0,3	0,4	0,5	0,6	0,7	0,8
I in mA	0,1	0,3	0,5	0,9	1,6	2,4	3,4	5,0

Die graphische Darstellung dieser Meßtabelle läßt erkennen, daß die Stromstärke mit der Spannung zunimmt. Man erhält bei graphischer Darstellung keine Gerade, die Stromstärke ist also nicht proportional zur Spannung.
Mit einem empfindlichen Strommesser ist auch in Sperrichtung eine Stromstärke nachweisbar, die jedoch ungefähr um den Faktor 1000 kleiner als die in Durchlaßrichtung ist. *Bild 1.15b* zeigt den Schaltplan und die graphische Darstellung der folgenden Meßwerte:

U in V	5	10	15	20	25	30	35	40
I in μA	1,1	3,8	6,9	11	15,5	21	27	35

Die Meßwerte sind in einem Koordinatenkreuz eingetragen worden. Die entstandene Kurve heißt **Kennlinie** der Diode, weil man daran besondere Eigenschaften der Diode er-

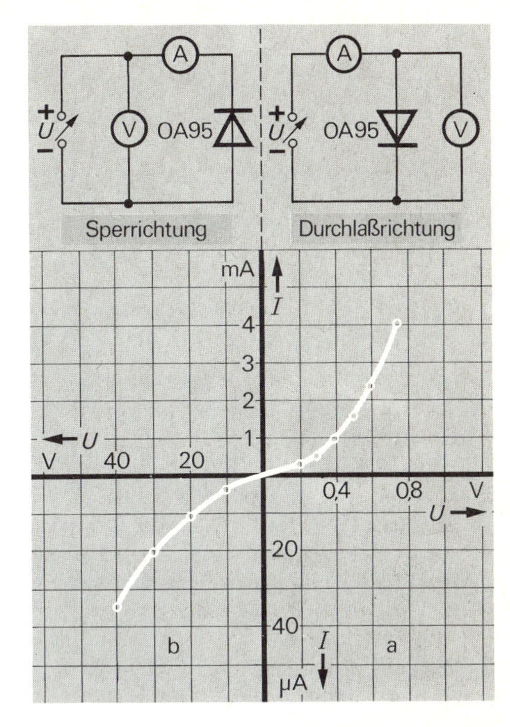

1.15 Eine Diode wird in Durchlaßrichtung (a) und in Sperrichtung (b) durch die Kennlinie beschrieben. Beachten Sie die unterschiedlichen Einheiten der Stromstärken in Sperr- und Durchlaßrichtung.

kennen kann. Bei der Interpretation der Kennlinie muß man natürlich beachten, daß die Stromstärke- und die Spannungsachse sehr verschieden eingeteilt sind. In der Technik wird ständig mit Kennlinien gearbeitet. Auch in dieses Buch sollen weitere Kennlinien aufgenommen und gedeutet werden.

Durch die Kennlinie kann das Verhalten einer Diode genau beschrieben werden.

Für den Anwender werden Dioden meist so gekennzeichnet, daß eine Polung in Sperrichtung oder in Durchlaßrichtung auch ohne ein Experiment möglich ist. Der angedeutete Pfeil im Schaltsymbol der Diode gibt den möglichen Stromfluß an. Wird also die Anode

(Bild 1.12b) mit dem Pluspol der Energiequelle verbunden, so arbeitet die Diode in Durchlaßrichtung. Die Katodenseite *(Bild 1,12b)* wird meist durch einen Farbring gekennzeichnet. Von den Herstellern werden unterschiedliche Diodentypen angeboten. Deren Typenbezeichnung läßt einen Rückschluß auf das benutzte Grundmaterial zu. Ist der zweite Buchstabe der Kennzeichnung ein A, so handelt es sich um eine Germaniumdiode. Besteht die Diode jedoch aus Silizium als Halbleitermaterial, so findet man den Buchstaben B. Die dargestellte Kennlinie wurde für eine Diode vom Typ OA 95, also eine Germaniumdiode, aufgenommen. Bei Siliziumdioden sind in der Regel größere Stromstärken als bei Germanium zulässig. Man erhält Dioden mit einem Durchlaßstrom bis zu 150 A.

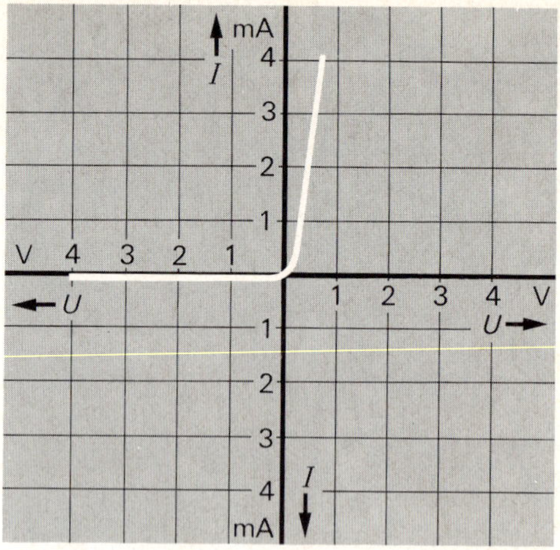

1.16 Zu Aufgabe 3

Aufgaben

1. Wird eine Diode in Sperrichtung betrieben, so verhält sich die Verarmungszone wie ein reiner Halbleiter. Begründen Sie diese Erscheinung.

2. Bei der Aufnahme der Kennlinie einer Diode müssen die Meßgeräte für die Stromstärke und die Spannung in Durchlaßrichtung und in Sperrichtung verschieden in den Stromkreis eingeschaltet werden *(Bild 1.15)*. Warum?

3. *Bild 1.16* zeigt die Darstellung einer Kennlinie, wobei die Achsen gleich eingeteilt wurden. Erklären Sie den Unterschied der Kennlinienform gegenüber *Bild 1.15*.

4. Der Widerstand einer Diode kann nach der Beziehung $R = U/I$ berechnet werden. Bestimmen Sie mit Hilfe der Tabelle für die Durchlaßrichtung der Diode den Widerstand in Abhängigkeit von der angelegten Spannung und stellen Sie den Zusammenhang graphisch dar.

2. Zweipol – Halbleiter

Elektronische Bauelemente werden häufig durch ihr Verhalten in einem elektrischen Stromkreis beschrieben. Dabei ist es nicht erforderlich, den inneren Aufbau zu kennen. So ist z.B. die Kennlinie einer Diode für den Anwender wichtiger als die Struktur der unterschiedlich dotierten Schichten. Die Beschreibung eines Bauelements ist besonders einfach, wenn es nur über zwei Anschlüsse verfügt. Man spricht dann von einem **Zweipol**. Zu den Zweipolen gehören die ohmschen Widerstände, die Kondensatoren, die Dioden und viele weitere Halbleiterbauteile. Einige Halbleiterzweipole sollen in diesem Kapitel untersucht werden.
Schwieriger wird eine Beschreibung, wenn das Bauteil drei und mehr Anschlüsse hat. So hat ein Relais mindestens vier Anschlüsse, ein Transistor drei und *integrierte Schaltkreise* haben 14 und mehr Anschlüsse.

2.1 Die Halbleiterdiode

Das Verhalten eines pn-Übergangs wird in der Diode technisch genutzt. Ein wichtiger Anwendungsbereich ist die Gleichrichtung von Wechselspannungen. Viele Geräte wie Cassettenrecorder, Taschenrechner oder Digitaluhr müssen mit Gleichspannung betrieben werden. Da von den Elektrizitätswerken jedoch eine Wechselspannung geliefert wird, muß die Gleichspannung mit Gleichrichterschaltungen erzeugt werden.

Die einfachste Möglichkeit, aus einer Wechselspannung eine Gleichspannung zu gewinnen, besteht in der **Gleichrichtung** des Wechselstroms. *Bild 2.1* zeigt eine Reihenschaltung mit einer Diode und einem ohmschen Widerstand. Auf einem Oszilloskop kann der Spannungsverlauf, der am ohmschen Widerstand auftritt, gezeigt werden. Man erkennt, daß gegenüber der sinusförmigen Eingangsspannung nur noch die „halbe" Schwingung vorhanden ist. Damit bleibt also die Polung der Spannung am Widerstand gleich, während sich die Höhe der Spannung periodisch ändert.
Diese Beobachtung läßt sich mit der Wirkung der Diode erklären. Bei der einen Polung der Eingangsspannung liegt die Diode in Sperrrichtung, dann kann in dem Kreis kein Strom fließen. Deshalb entsteht an dem Widerstand kein Spannungsabfall, so daß sich auf dem Oszilloskop eine waagerechte Linie ergibt. Wechselt nun die Polung der Eingangsspannung, so ist die Diode in Durchlaßrichtung geschaltet. Damit fließt im Kreis ein Strom, so daß eine Spannung am Widerstand entsteht. Da die Kennlinie der Diode im Durchlaßbereich annähernd linear ist, ergibt sich die „halbe" Sinuskurve. Man spricht bei diesem Spannungs-

2.1 Mit einer Diode kann die Wechselspannung gleichgerichtet werden. Bei der „Einweggleichrichtung" zeigt das Oszilloskop die „halbe" Sinusschwingung.

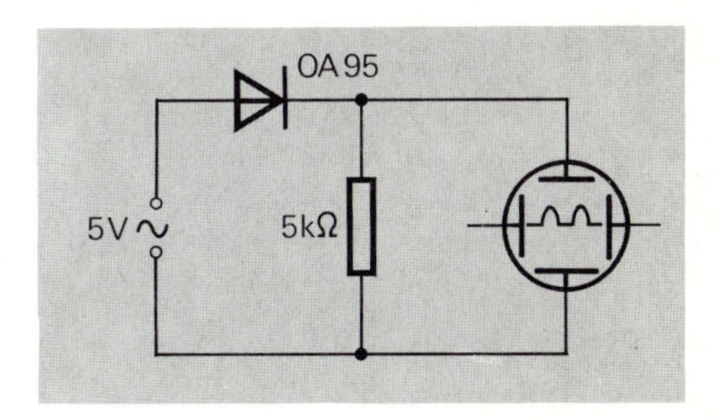

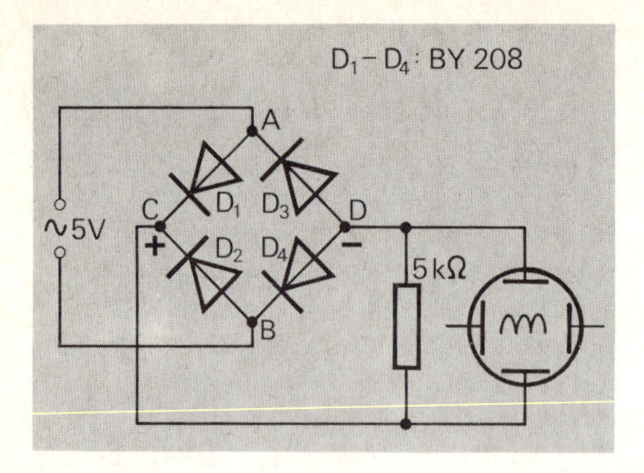

2.2 Mit der „Graetzschaltung" wird eine „Vollweggleichrichtung" erreicht. Statt vier einzelner Dioden werden auch häufig fertige Brückengleichrichter eingesetzt.

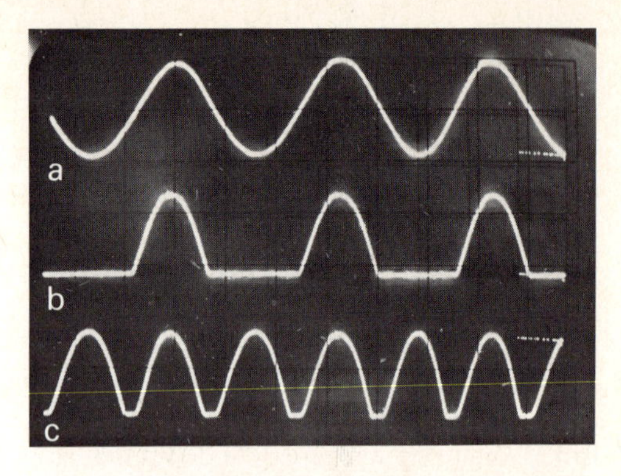

2.3 Das Oszilloskop zeigt die Wirkung der Gleichrichtung: (a) sinusförmige Eingangsspannung (b) Einweggleichrichtung (c) Doppelweggleichrichtung mit einer Graetzschaltung

verlauf von einer *pulsierenden* Gleichspannung. Eine derartige Gleichspannung ist für die meisten Anwendungen noch ungeeignet, da ihre Höhe nicht gleich bleibt.

Mit einem Kondensator kann die pulsierende Gleichspannung geglättet werden. Dazu wird ein Kondensator von etwa 10 μF parallel zum ohmschen Widerstand geschaltet. Ist die Diode leitend, so wird der Kondensator bis zur Maximalspannung aufgeladen. Bei der Umpolung der Eingangsspannung würde ohne Kondensator keine Spannung mehr auftreten. Der geladene Kondensator bewirkt jedoch, daß ein Entladestrom durch den Widerstand fließt. So ergibt sich auch im Sperrbetrieb der Diode eine Spannung.

Zu einer noch besseren Gleichrichtung gelangt man, wenn auch die zweite „Halbwelle" ausgenutzt wird, bei der die Diode gesperrt war. Man spricht dann von einer Doppelweggleichrichtung. Eine mögliche Schaltung besteht aus vier Dioden, die so geschaltet werden, wie es *Bild 2.2* zeigt. Die Schaltung wird in der Technik **Brückenschaltung** – oder **Graetzschaltung** genannt. An dem angeschlossenen Oszilloskop ist deutlich zu erkennen, daß die zweite Halbwelle nun nach oben geklappt erscheint. Dadurch entsteht eine wesentlich bessere Gleichspannung als bei der **Einweggleichrichtung**.

Wie arbeitet die Graetzschaltung? Bei der einen Polung der Wechselspannung liegt bei Schaltpunkt A der positive und bei Schaltpunkt B der negative Pol *(Bild 2.2)*. Dann sind die Dioden D_2 und D_3 gesperrt. Die Dioden D_1 und D_4 arbeiten in Durchlaßrichtung. Zwischen den Schaltpunkten C und D liegt die Spannung am ohmschen Widerstand mit der in der Zeichnung eingetragenen Polung. Wechselt nun die Polung der Eingangsspannung, so ist A negativ und B positiv. Dann sind D_1 und D_4 gesperrt, während D_2 und D_3 in Durchlaßrichtung betrieben werden. Dadurch liegt die Spannung mit der gleichen Polung wie vorher an den Schaltpunkten C und D. Es entsteht über dem ohmschen Widerstand eine pulsierende Gleichspannung mit den beiden sinusförmigen Teilen der Wechselspannung. Mit einem nachgeschalteten Glättungskondensator läßt sich eine Spannung erzeugen, die fast keine zeitliche Änderung ihrer Amplitude aufweist.

Mit Dioden kann Wechselspannung gleichgerichtet werden. Man unterscheidet die Einweggleichrichtung mit einer Diode von der Doppelweggleichrichtung durch die Graetzschaltung.

Bild 2.3 zeigt das Foto eines Oszilloskops, auf

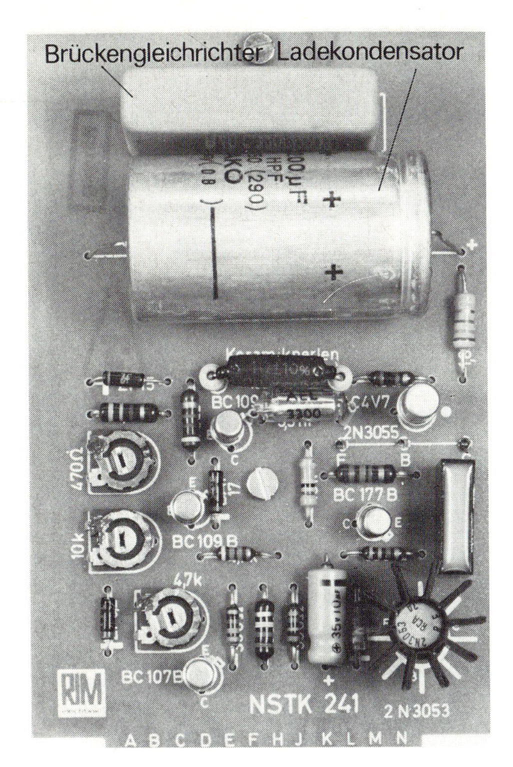

2.4 Bei einfachen Netzgeräten sind Brückengleichrichter und Ladekondensator die wichtigsten Bauteile.

dessen Schirm die gleichgerichteten Spannungen sichtbar sind: a) Sinusförmige Eingangsspannung, b) Spannungsverlauf bei der Einweggleichrichtung mit einer Diode und c) gleichgerichtete Spannung durch eine Graetzschaltung. Bei guten Gleichrichterschaltungen, wie sie in Netzgeräten benutzt werden (*Bild 2.4*), wird die Spannung durch den Ladekondensator und weitere zusätzliche elektronische Hilfsmittel so geglättet, daß auf dem Oszilloskop nur noch eine waagerechte Linie zu beobachten ist. Dies bedeutet, daß keine zeitliche Änderung der Amplitude auftritt. Dann steht eine Spannung zur Verfügung, die mit einer Batteriespannung vergleichbar ist.
Zum Betrieb elektrischer Geräte werden Spannungen unterschiedlicher Höhe benötigt. So

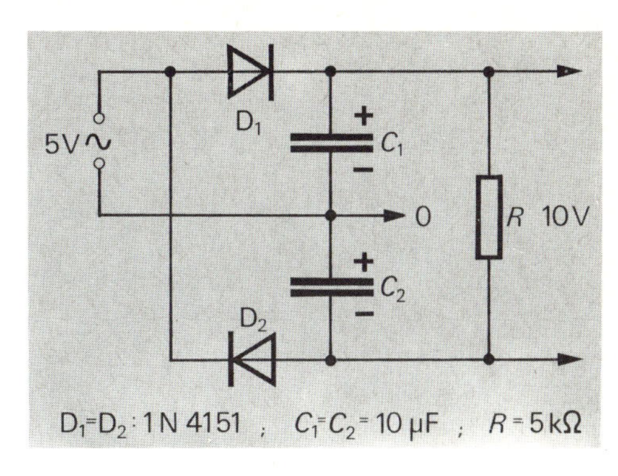

2.5 Durch die beiden Dioden werden die Kondensatoren mit unterschiedlicher Polung aufgeladen. Dadurch verdoppelt sich die Spannung am Ausgang.

arbeitet z.B. ein Spielzeugmotor bei einer Spannung von 6 V, während für den Taschenrechner meist 9 V erforderlich sind. Die Erzeugung von kleineren Spannungen als die Betriebsspannung geschieht häufig mit einer Spannungsteilerschaltung mit einem ohmschen Widerstand. Werden größere Spannungen als die Betriebsspannung nötig, so kann man bei Wechselspannung einen Transformator einsetzen. Da jedoch Transformatoren relativ viel Platz benötigen, sind andere Möglichkeiten ersonnen worden. *Bild 2.5* zeigt einen Schaltplan zur Verdopplung der Eingangsspannung. Das Zusammenwirken der Bauteile läßt sich folgendermaßen erklären:
Bei der oberen Halbwelle der Eingangsspannung ist die Diode D_1 leitend, so daß der Kondensator mit der Kapazität C_1 annähernd auf die Betriebsspannung aufgeladen wird. Für ihn ergibt sich beim Schaltpunkt 0 der negative Pol. Die Diode D_2 ist während dieser Zeit in Sperrichtung geschaltet, so daß sich am Kondensator mit der Kapazität C_2 noch nichts tut. Bei der unteren Halbwelle jedoch kehren sich die Verhältnisse um. Nun wird der zweite Kondensator über die Diode D_2 aufgeladen, wobei er am Schaltpunkt 0 den positiven Pol hat. Die Diode D_1 ist während dieser Zeit gesperrt. Beide Kondensatoren werden also nacheinander auf die Betriebsspannung auf-

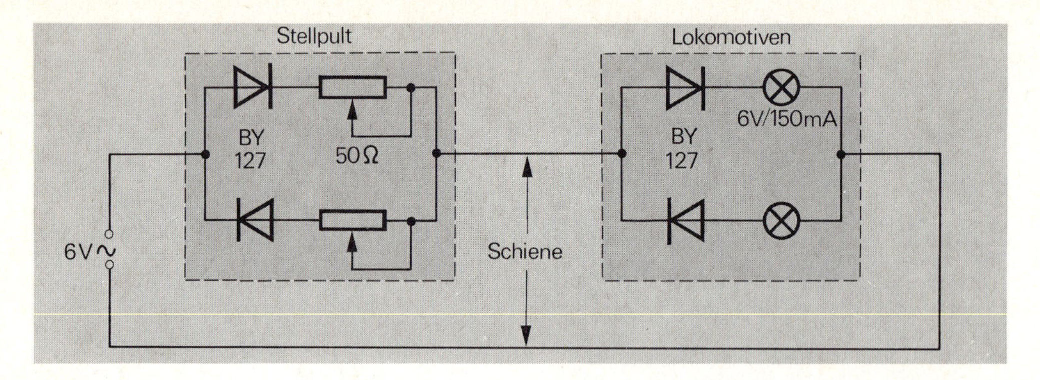

2.6 Mit der „Halbwellensteuerung“ können zwei verschiedene Geräte über eine Zuleitung gesteuert werden.

geladen. Durch die Polung an den Kondensatoren ergibt sich eine Hintereinanderschaltung der beiden Kondensatorspannungen, so daß an dem ohmschen Widerstand die doppelte Spannung nachgewiesen werden kann.

Durch die unterschiedliche Aufladung von zwei Kondensatoren über zwei Dioden entsteht eine Spannungsverdopplung.

Aus der Vielzahl der Anwendungsmöglichkeiten von Dioden soll noch eine Schaltung beschrieben werden, die als Halbwellensteuerung bezeichnet wird. Dieser Schaltung liegt das Problem zu Grunde, zwei verschiedene Geräte unabhängig voneinander zu steuern, wobei nur zwei Zuleitungen zur Verfügung stehen. Diese Frage ist z.B. beim Eisenbahnmodellbau interessant, wenn man über die gleiche Schiene zwei Züge unterschiedlich schnell fahren lassen möchte. Im Schaltplan von *Bild 2.6* sind die Lokomotiven durch Glühlampen simuliert worden. Vor jede Glühlampe ist eine Diode geschaltet, die entgegengesetzt arbeiten.
Am Stellpult werden nun ebenfalls zwei Dioden über einen regelbaren Widerstand geschaltet. Anschaulich gesprochen, fließt durch den oberen Zweig der Schaltung nur bei der oberen Halbwelle der Wechselspannung ein Strom, während die untere Halbwelle durch den unteren Zweig gesteuert werden kann. Durch die für beide Lokomotiven gemeinsame Schiene fließt ein Wechselstrom, deren obere und untere Halbwelle je nach Einstellung der Regler am Stellpult unterschiedlich groß ist. So können die Lokomotiven mit unterschiedlicher Geschwindigkeit gefahren werden. Eine solche getrennte Steuerung gelingt natürlich nur, wenn die Lokomotiven Gleichstrommotoren haben.

Aufgaben

1. In *Bild 2.1* wird die Spannung über dem ohmschen Widerstand angezeigt. Wie würde das Schirmbild aussehen, wenn die Spannung über der

2.7 Zu Aufgabe 4

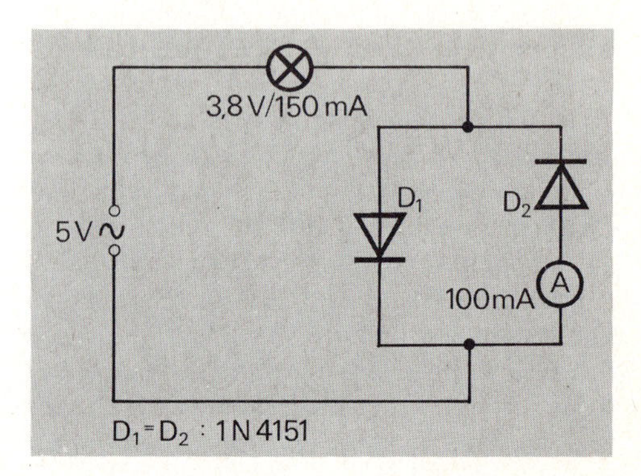

Diode gemessen wird? Begründen Sie Ihre Überlegung.

2. Welche Aufgabe hat der ohmsche Widerstand in der Graetzschaltung?

3. Geben Sie den Schaltplan einer Einweggleichrichterschaltung mit angeschlossenem Glättungskondensator an, und skizzieren Sie den Spannungsverlauf in Abhängigkeit von der Zeit.

4. In *Bild 2.7* wird die Stromstärke in einem Wechselstromkreis mit einem Gleichstrommeßgerät angezeigt. Erläutern Sie die Aufgabe der Dioden D_1 und D_2.

2.2 Die Z – Diode

Für besondere Anwendungsbereiche werden Dioden gefertigt, die durch eine spezielle Dotierung eine andere Kennlinie als die „normale" Diode erhalten. Eine dieser Spezialdioden ist die **Z-Diode**, deren Bezeichnung auf den amerikanischen Physiker Zener zurückgeht. Man findet auch den Namen Referenzdiode.

Das Besondere der Z-Diode liegt an ihrer Kennlinie im Sperrbereich. Zunächst soll jedoch das Verhalten einer normalen Diode bei höheren Spannungen untersucht werden: *Bild 2.8* zeigt eine Schaltung zur Aufnahme der Diodenkennlinie mit einem Oszilloskop. Der Spannungsabfall über der Diode wird an die X-Platten, der Spannungsabfall über dem ohmschen Widerstand an die Y-Platten des Oszilloskops gelegt. Durch die angelegte Wechselspannung kann sowohl der Durchlaß als auch der Sperrbereich der Diode auf dem Schirm sichtbar gemacht werden. Wird nun die Spannung etwas über die Grenzdaten der Diode erhöht, so beobachtet man ein Abknikken der Kennlinie im Sperrbereich. Dies bedeutet, daß auch im Sperrbereich bei einer bestimmten Spannung eine Leitfähigkeit einsetzt (*Bild 2.9*). Dieser *Zenereffekt* läßt sich folgendermaßen erklären: Bei einer bestimmten Spannung werden die Elektronen aus den Gitterverbindungen gerissen. Die so freigesetzten Elektronen werden stark beschleunigt und lösen beim Aufprall auf weitere Gitteratome erneut Elektronen aus. Frei bewegliche Ladungsträger werden lawinenartig freigesetzt, so daß die Stromstärke stark anwächst. Dies führt meist zur Zerstörung der Diode; deshalb ist der Versuch sparsamen Lesern nicht zu empfehlen!

Bei Z-Dioden erfolgt der dargestellte Durchbruch kontrolliert: Die Diode wird im Sperrbereich bei einer bestimmten Spannung leitend, ohne sich selbst zu zerstören. Die Durchbruchsspannung wird allgemein als **Zenerspannung** U_Z bezeichnet. Sie beträgt z.B. bei der Z-Diode vom Typ 1 N 4733 A etwa 5 V. In

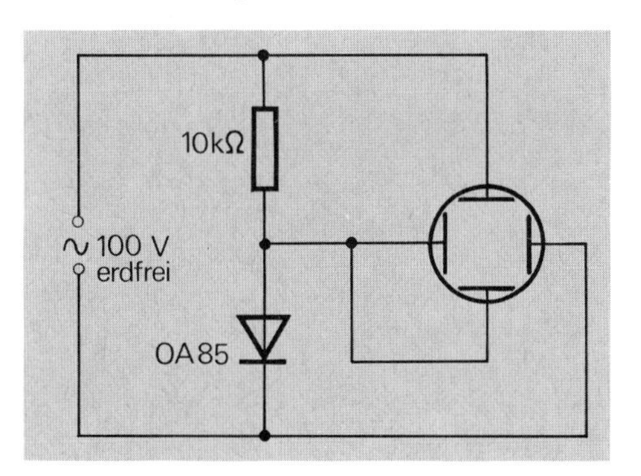

2.8 Mit dem Oszilloskop kann die Kennlinie einer Diode aufgenommen werden. Sperrt die Diode, so erscheint eine waagerechte Linie.

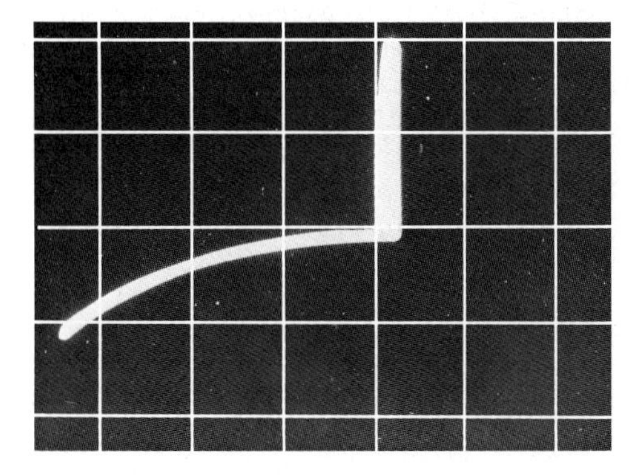

2.9 Bei großen Sperrspannungen „bricht" die Diode durch. Sie wird wieder leitend. Dies kann zur Zerstörung des Kristallaufbaus führen.

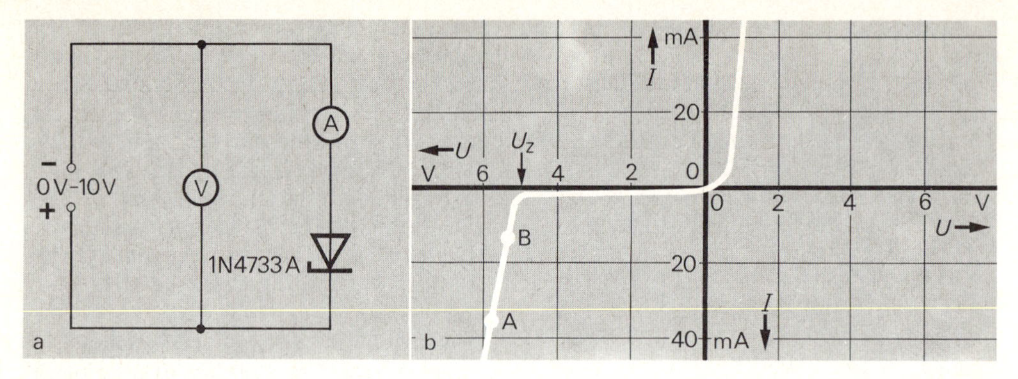

2.10 Bei einer Z-Diode erfolgt der Durchbruch kontrolliert, so daß die Diode nicht beschädigt wird. Die Zenerspannung liegt bei dieser Diode bei 5 V.

der Schaltung nach *Bild 2.10a* ist eine Z-Diode über Meßgeräte an eine regelbare Energiequelle angeschlossen worden. Trägt man die Stromstärke in Abhängigkeit von der Spannung in ein Koordinatensystem ein, so ergibt sich ein Diagramm, wie es *Bild 2.10b* zeigt. Die Z-Diode wird in Schaltungen ausschließlich im Sperrbereich betrieben. Bis zum Erreichen der Zenerspannung fließt nur ein sehr schwacher Strom. Die Z-Diode hat einen großen Widerstand in der Größenordnung von Megaohm (M Ω). Oberhalb der Zenerspannung steigt die Stromstärke schnell an. Die Kennlinie verläuft sehr steil, so daß bereits bei geringen Spannungsänderungen eine große Änderung der Stromstärke zu beobachten ist: So ändert sich z.B. zwischen den beiden Meßpunkten A und B die Spannung um 0,5V, die zugehörigen Stromstärken ergeben eine Änderung von 30 mA. Der dynamische Widerstand ist also sehr klein und kann je nach Diodentyp bis auf 1 Ω absinken.

Z-Dioden werden in Sperrichtung betrieben. Unterhalb der Zenerspannung sind sie praktisch nicht leitend, oberhalb der Zenerspannung leiten sie den Strom gut.

Die häufigste Anwendung von Z-Dioden findet man in Stabilisierungsschaltungen von Spannungen. Von derartigen Schaltungen wird verlangt, daß die Spannung konstant bleibt, auch wenn unterschiedliche Verbraucher angeschlossen werden. Zum besseren Verständnis sei zunächst eine Reihenschaltung aus einem ohmschen Widerstand und einer Z-Diode untersucht (*Bild 2.11*). Die Betriebsspannung U_B kann kontinuierlich von 0 V bis 10 V geregelt werden. Der Spannungsabfall U_Z über der Z-Diode wird mit einem Meßgerät angezeigt. Wird nun die Betriebsspannung langsam erhöht, so läßt sich folgendes beobachten: Zunächst steigt die Spannung an der Z-Diode gleichmäßig wie die Betriebsspannung an. Bei weiterer Vergrößerung der Betriebsspannung zeigt der Spannungs-

2.11 Der Spannungsabfall über der Z-Diode ist oberhalb der Zenerspannung konstant. Die Zenerspannung kann je nach Typ zwischen 3 V und 100 V liegen.

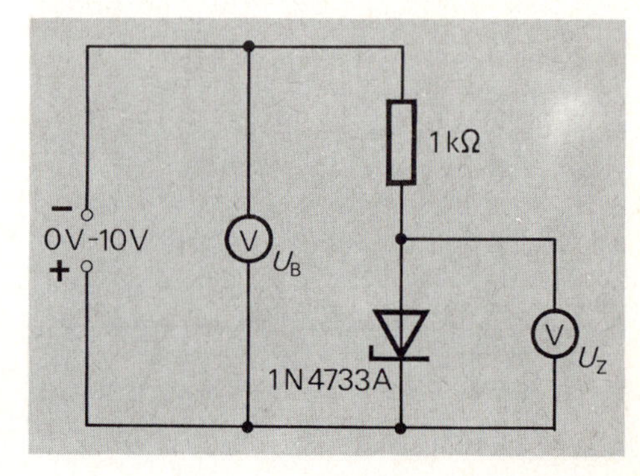

messer an der Z-Diode jedoch einen konstanten Wert an. Dieser Wert ist die Zenerspannung, in dem dargestellten Beispiel 5,1 V. Ändert man also die Betriebsspannung, z.B. von 7 V auf 9 V, so ist der Spannungsabfall an der Z-Diode konstant.
Dieses Verhalten der Z-Diode kann anhand der Kennlinie erklärt werden: Unterhalb der Zenerspannung hat die Z-Diode im Vergleich zum ohmschen Widerstand einen so großen Widerstand, daß praktisch die gesamte Spannung an ihr abfällt. Wird nun eine Spannung von z.B. 7 V am Eingang eingestellt, so tritt ein Spannungsabfall von ungefähr 2 V am ohmschen Widerstand auf. Da nämlich oberhalb der Zenerspannung durch die Z-Diode ein starker Strom fließt, erzeugt dieser den großen Spannungsabfall am ohmschen Widerstand. Bei einer noch höheren Eingangsspannung nimmt der Strom weiterhin zu, so daß sich entsprechend der Spannungsabfall am ohmschen Widerstand vergrößert. Am steilen Verlauf der Kennlinie ist zu ersehen, daß praktisch keine Änderung der Spannung an der Z-Diode erfolgen kann.

Bei einer Z-Diode ist der Spannungsabfall praktisch konstant gleich der Zenerspannung, wenn die Eingangsspannung oberhalb der Zenerspannung liegt.

Man nutzt diese stabilisierende Wirkung der Z-Diode z.B. in Geräten mit Batteriebetrieb aus. Wird für das Gerät z.B. eine Spannung von 5 V benötigt, so kann man mit einer Z-Diode, deren Zenerspannung 5 V beträgt, und einer 9 V-Batterie für eine konstante Betriebsspannung sorgen. Auch wenn die Spannung der Batterie durch Alterung allmählich abnimmt, stehen an der Z-Diode noch so lange die benötigten 5 V zur Verfügung, bis schließlich die Batterie so erschöpft ist, daß sie weniger als 5 V Spannung liefert.
Bisher ist nur der Fall untersucht worden, daß keine Verbraucher angeschlossen waren. Im allgemeinen führt ein Hinzuschalten von Verbrauchern bei der Energiequelle zu Spannungsänderungen. Der Verbraucherstrom ändert sich bei einem Verstärker auch dann, wenn die Lautstärke geändert wird. Da eine Änderung der Spannung meist zu unerwünschten Verzerrungen und anderen Störungen führt, muß eine Spannungsstabilisierung durchgeführt werden. Auch hier kann eine Z-Diode gute Dienste tun.

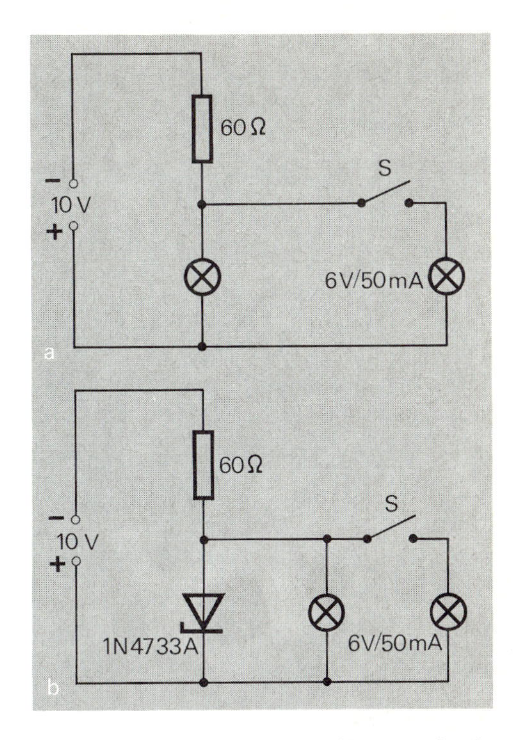

2.12 (a) Wird der Schalter S geschlossen, so leuchten beide Glühlampen dunkler. (b) Mit einer Z-Diode kann die Spannung stabilisiert werden.

In *Bild 2.12a* ist ein Schaltplan dargestellt, mit dem die Spannungsschwankung beim Anschluß von verschiedenen Verbrauchern gezeigt werden kann. Zur Erklärung der Arbeitsweise der Schaltung sollen die Spannungen berechnet werden. Zunächst ist der Schalter S geöffnet. Fließt durch die linke Glühlampe der Betriebsstrom von 50 mA, so ergibt sich am Widerstand von 60 Ω ein Spannungsabfall von 3 V. Für die Glühlampe steht daher die Differenz zur Betriebsspannung von insgesamt 7 V zur Verfügung. Wird nun der Schalter

S geschlossen, so leuchtet auch die rechte Glühlampe. Durch die Parallelschaltung der beiden Glühlampen erhöht sich die Stromstärke. Dadurch wird der Spannungsabfall am Widerstand größer. An den Glühlampen liegt dann eine kleinere Spannung als 7 V; daher leuchten sie beide dunkler.
Ergänzt man dagegen die Schaltung mit einer Z-Diode (*Bild 2.12b*), so läßt sich die unerwünschte Spannungsänderung vermeiden. An der Z-Diode steht die Zenerspannung zur Verfügung. Wird nun der Schalter geschlossen, so erhöht sich zwar der Verbraucherstrom, doch bewirkt dies lediglich eine geringfügige Änderung der Spannung. Denn die Erhöhung der Stromstärke bewirkt nur eine Verschiebung längs der Kennlinie (*Bild 2.10b*) von Punkt A nach Punkt B der Z-Diode. Deshalb beobachtet man auch keine Änderung in der Helligkeit der Lampen.

Mit Z-Dioden (Referenzdioden) können Spannungen stabilisiert werden.

Aufgaben

1. Warum wird eine normale Diode zerstört, wenn es im Sperrbereich zum Durchbruch kommt?
2. Z-Dioden müssen stets mit einem Vorwiderstand betrieben werden. Warum?
3. Schaltet man zwei Z-Dioden hintereinander, so entsteht als Spannungsabfall die Summe der beiden Zenerspannungen. Wie erklären Sie diese Erscheinung?
4. Bei einem Versuch nach *Bild 2.12b* können nicht beliebig viele Glühlampen nachgeschaltet werden, ohne daß sich die Spannung ändert. Warum?

2.3 Temperaturempfindliche Widerstände

Fast alle elektronischen Bauteile ändern ihre Eigenschaften bei Temperaturschwankungen. So gelten die Betriebsdaten meistens nur für Zimmertemperatur. Doch gibt es auch Bauelemente, deren Temperaturabhängigkeit technisch genutzt werden kann. Hierzu folgen einige grundsätzliche Überlegungen.

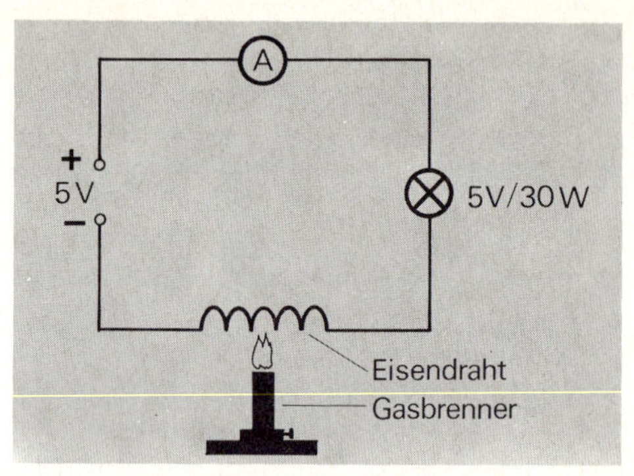

2.13 Bei Erwärmung des Eisendrahtes leuchtet die Glühlampe dunkler. Der Widerstand des Drahtes ist größer geworden.

In *Bild 2.13* ist ein Schaltplan gezeigt, in dem ein Eisendraht in Reihe über eine Glühlampe und einen Strommesser geschaltet worden ist. Bei Zimmertemperatur leuchtet die Glühlampe auf. Wird nun der Eisendraht stark erwärmt, so beobachtet man, daß die Glühlampe dunkler wird. Gleichzeitig zeigt der Strommesser an, daß die Stromstärke im Kreis geringer geworden ist. Das zeigt die Abhängigkeit der Leitfähigkeit des Eisendrahtes von der Temperatur. Der Widerstand des Drahtes wird mit steigender Temperatur größer.
Diese Eigenschaft von Metalldrähten kann an einer Glühlampe genauer untersucht werden. In dem Schaltplan von *Bild 2.14a* wird die Stromstärke I in einer Glühlampe in Abhängigkeit von der angelegten Spannung U gemessen. Da bei steigender Stromstärke auch die Eigenerwärmung zunimmt, liefert diese Untersuchung auch eine Aussage über die Temperaturabhängigkeit des Glühlampenwiderstandes. Man mißt z. B.:

U in V	1,0	2,0	3,0	4,0	5,0	6,0
I in mA	100	160	210	250	200	300
R in Ω	10,0	12,5	13,3	16,0	19,0	20,0

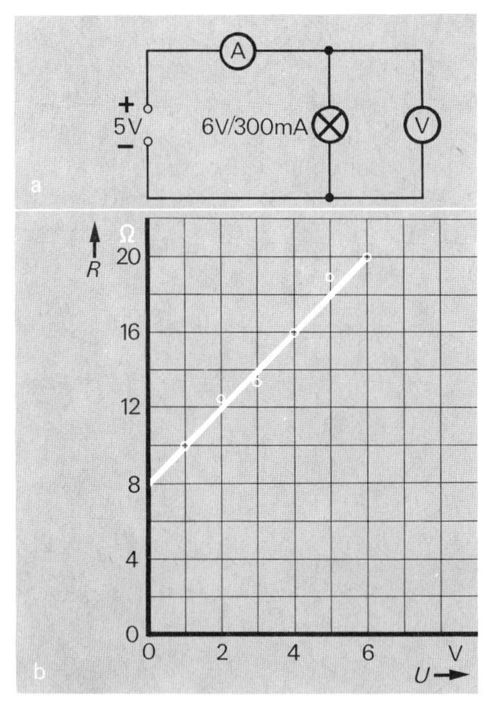

2.14 Eine Glühlampe hat einen positiven Temperaturkoeffizienten. Ihr Widerstand wird mit steigender Temperatur größer.

Aus der Spannung U und der Stromstärke I ist der Widerstand R nach der Beziehung $R = U/I$ errechnet worden. Die graphische Darstellung von *Bild 2.14b* zeigt deutlich den starken Anstieg des Widerstands.
Neben den Metallen gibt es auch noch andere Stoffe, deren Widerstand mit steigender Temperatur zunimmt. Bei Bariumtitanat ist die Widerstandsänderung besonders groß. In der Technik bezeichnet man solche Widerstände kurz als **PTC-Widerstände** (**P**ositiver **T**emperatur-**C**oeffizient). Dadurch soll zum Ausdruck gebracht werden, daß bei steigender Temperatur der Widerstand zunimmt.

Bei PTC-Widerständen nimmt bei steigender Temperatur der Widerstand zu.

Häufiger als PTC-Widerstände findet man in

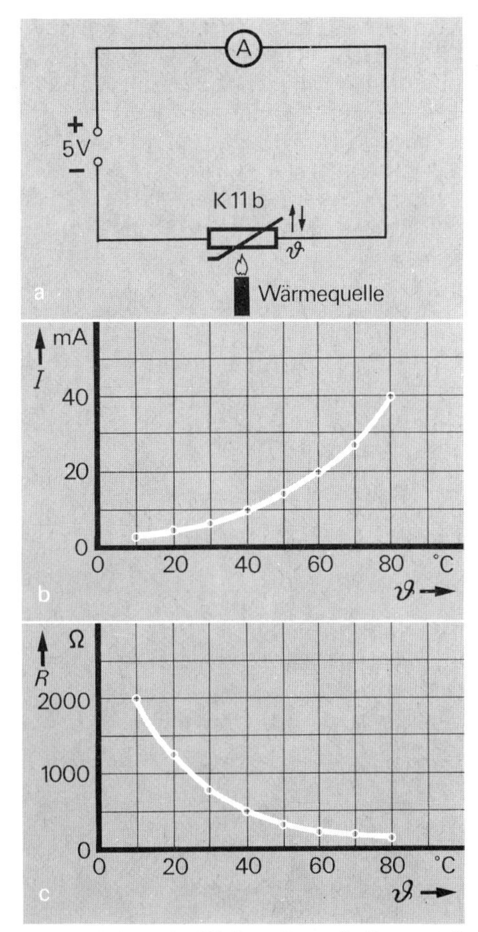

2.15 Bei einem Heißleiter nimmt die Stromstärke bei steigender Temperatur schnell zu. Bei hoher Temperatur hat er dann einen sehr kleinen Widerstand.

Schaltungen die **NTC-Widerstände**. Bei diesen Widerständen nimmt die Stromstärke bei ansteigender Temperatur zu und der Widerstand ab (daher die Abkürzung NTC von **N**egativer **T**emperatur-**C**oeffizient). Häufig wird für solche Bauelemente die anschauliche Bezeichnung **Heißleiter** benutzt. Für Heißleiter ist das Schaltzeichen [Schaltzeichen] [1] vorgesehen.

---

[1]) Manchmal findet man auch das Zeichen [Schaltzeichen].

Experimentell läßt sich die Abhängigkeit der Stromstärke von der Temperatur mit einem Versuch nach dem Schaltplan von *Bild 2.15a* untersuchen. Der Heißleiter wird dazu in ein Wärmebad getaucht, dessen Temperatur mit einem Thermometer gemessen wird. Die folgende Tabelle zeigt ein Meßbeispiel, bei dem zusätzlich aus Spannung und Stromstärke der Widerstand errechnet wurde:

Temperatur in °C	10	20	30	40	50	60	70	80
Stromstärke in mA	2,5	4,0	6,5	10,0	14,5	20,0	27,0	40,0
Widerstand in Ω	2000	1250	770	500	350	250	190	130

Bild 2.15b zeigt die graphische Darstellung der Meßwerte. Man erkennt, wie die Stromstärke zunächst langsam und dann immer stärker zunimmt.

Das Verhalten von Heißleitern läßt sich aufgrund der Materialeigenschaften erklären: Heißleiter werden aus Halbleitermaterial gefertigt. Wird nun die Temperatur erhöht, so nimmt die Paarbildung ähnlich wie bei reinem Germanium zu. Dadurch sind mehr frei bewegliche geladene Teilchen für die Stromleitung vorhanden.

Für den Anwender von NTC-Widerständen ist meist die Änderung des Widerstands bei Änderung der Temperatur wichtig. Für das Meßbeispiel ist in *Bild 2.15c* die Abhängigkeit des Widerstands von der Temperatur graphisch dargestellt. Typisch ist der steile Abfall der Kurve bei noch relativ niedrigen Temperaturen. In den Datenblättern der Hersteller wird stets der Widerstand bei 20 °C als Bezugswert angegeben. In dem Beispiel beträgt er etwa 1,3 kΩ.

Bei NTC-Widerständen nimmt die Stromstärke mit steigender Temperatur zu. Der Widerstand wird bei Temperaturerhöhung kleiner.

NTC-Widerstände finden zahlreiche Anwendungen in der Technik. Sie können z.B. als Temperaturmeßfühler eingesetzt werden (*Bild 2.16*). Gegenüber einem normalen Thermometer haben sie den Vorzug, daß das Anzeigegerät räumlich getrennt von der Meßsonde angebracht werden kann. Außerdem sind sie nur wenige Millimeter groß und können deshalb auch an schwer zugänglichen Stellen installiert werden.

Im Schaltplan von *Bild 2.17* wird der NTC-Widerstand zur Temperaturüberwachung eingesetzt. Die Schaltung könnte als automatischer Feuermelder arbeiten: Bei Zimmertemperatur ist der Widerstand des Heißleiters noch so groß, daß das Relais nicht anzieht. Dadurch ist der Stromkreis für das Alarmzeichen unterbrochen. Wird nun der Heißleiter erwärmt, so wird sein Widerstand kleiner.

2.16 Mit Heißleitern können elektronische Thermometer gebaut werden. In diesem Beispiel wird die Körpertemperatur gleich digital angezeigt.

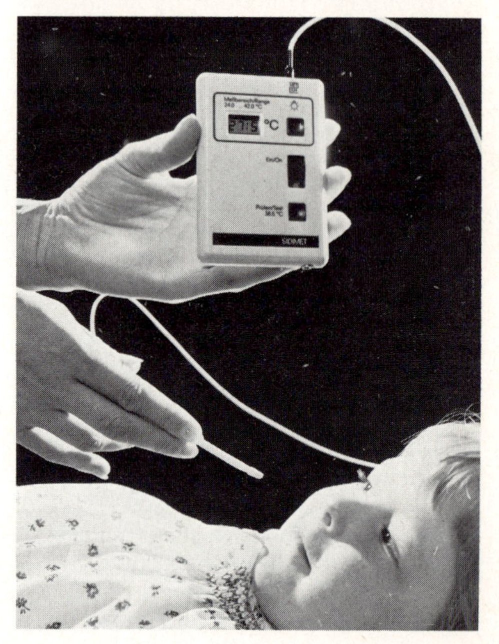

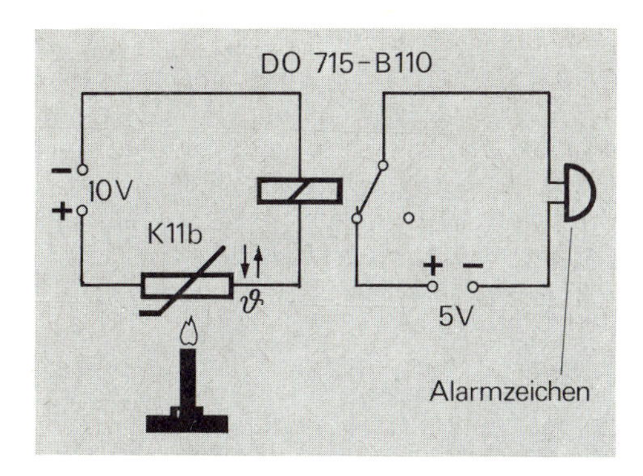

2.17 Heißleiter werden häufig zur Temperaturüberwachung eingesetzt. Bei zu großer Erwärmung ertönt ein Alarmzeichen.

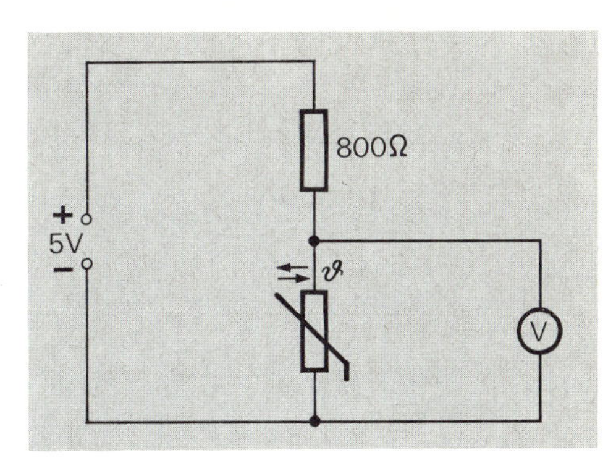

2.18 Zu Aufgabe 2

Schließlich wird die Stromstärke durch das Relais so groß, daß der Anker anzieht und dadurch den Stromkreis für die Alarmglocke schließt. Da die Stromstärke durch den Heißleiter im Vergleich zur Stromstärke durch eine Alarmglocke sehr klein ist, muß in derartigen Schaltungen mit einem Relais gearbeitet werden. In *Kapitel 3* wird beschrieben, daß das Relais auch durch einen Transistor ersetzt werden kann.

NTC-Widerstände werden häufig zur Temperaturmessung und Überwachung eingesetzt.

Aufgaben

1. NTC-Widerstände sollten stets mit einem Vorwiderstand betrieben werden, da sie sich sonst durch Eigenerwärmung selbst zerstören können. Wie kann es zu einer solchen Selbstzerstörung kommen?
2. *Bild 2.18* zeigt einen Heißleiter in einer Spannungsteilerschaltung. Wie ändert sich die Anzeige am Spannungsmesser, wenn der Heißleiter erwärmt wird? Skizzieren Sie den Verlauf der Spannung in Abhängigkeit von der Temperatur.
3. Entwickeln Sie einen Schaltplan, bei dem bei zu starker Abkühlung eines Heißleiters ein Alarmzeichen gegeben wird. Wo könnte eine solche Schaltung eingesetzt werden?
4. Beim Einschalten einer Glühlampe ist die Stromstärke größer als dann im Betrieb. Wie ist dies zu erklären?

2.4 Lichtabhängige Halbleiterbauelemente

Halbleitende Stoffe wie Germanium und Silizium erhöhen ihre Leitfähigkeit bei Energiezufuhr. Bei Heißleitern kann diese Erscheinung besonders deutlich beobachtet werden, wenn Wärmeenergie zugeführt wird. Doch auch durch Zufuhr von Lichtenergie läßt sich die Leitfähigkeit erhöhen. Dies macht man sich bei **Fotowiderständen** zu Nutze. Fotowiderstände werden überwiegend aus Kadmium-

2.19 Fotowiderstände sind vielseitig einsetzbare Halbleiterbauelemente. (a) Foto (b) Schnittzeichnung

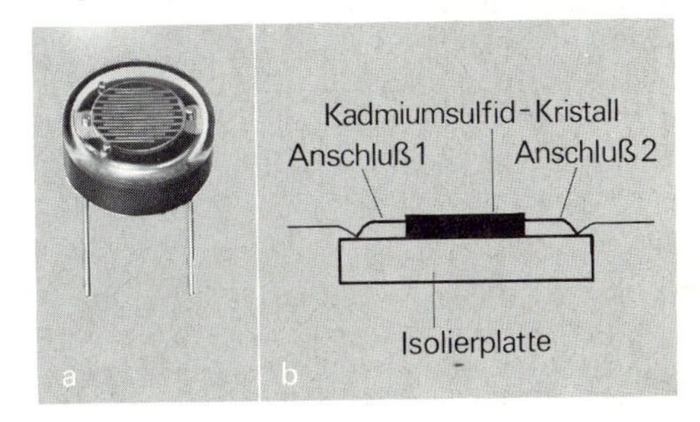

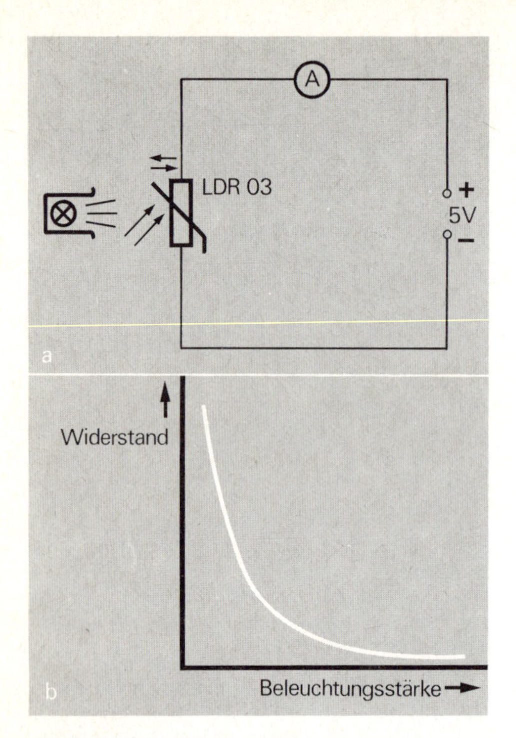

2.20 Wird der Fotowiderstand beleuchtet, so nimmt die Stromstärke zu. Sein Widerstand wird mit zunehmender Beleuchtungsstärke erheblich kleiner.

sulfid gefertigt. Der lichtempfindliche Kristall hat eine Fläche in der Größenordnung von 0,02 cm^2 bis 1,5 cm^2 (*Bild 2.19*). Für Fotowiderstände benutzt man das Schaltzeichen [1]. Besonders bei technischen Anwendungen spricht man statt von einem Fotowiderstand auch kurz vom **LDR**, einer Abkürzung für **L**ight **D**epending **R**esistor.

Das elektrische Verhalten eines Fotowiderstands kann in einem einfachen Stromkreis nach *Bild 2.20a* untersucht werden. Der Strommesser zeigt die Leitfähigkeit des Fotowiderstands an. Ist der Fotowiderstand abgedunkelt, so fließt praktisch kein Strom im Kreis. Der Widerstand ist groß. Dieser *Dunkelwiderstand* beträgt ungefähr 5 M Ω. Wird nun jedoch der Fotowiderstand beleuchtet, so steigt die Stromstärke erheblich an. Sein Widerstand hat sich offenbar geändert, er ist kleiner geworden. Beleuchtet man z.B. aus einem Meter Entfernung mit einer 25 W-Lampe, so mißt man nur noch einen Widerstand von ungefähr 1 k Ω. Dies bedeutet eine Verkleinerung des Widerstands um den Faktor 5000.

In *Bild 2.20b* ist schematisch die Änderung des Widerstands in Abhängigkeit von der Beleuchtungsstärke dargestellt. Auf eine Einteilung der Achsen wurde dabei verzichtet, es soll nur der rasche Abfall des Widerstands bei Erhöhung der Beleuchtungsstärke veranschaulicht werden[1].

Fotowiderstände sind lichtempfindliche Bauelemente. Je größer die Beleuchtungsstärke ist, desto kleiner ist ihr Widerstand.

Fotowiderstände werden bevorzugt in Lichtschranken eingesetzt. Mit Lichtschranken können z.B. Garagentore automatisch geöffnet, Stückgutzählungen am Fließband vorgenommen oder Rolltreppen in Betrieb gesetzt werden. *Bild 2.21b* zeigt einen Schaltplan für ein Modell einer Lichtschranke: Der Fotowiderstand ist über ein Relais an eine Energiequelle angeschlossen. Im Schaltkreis des Relais befindet sich eine zweite Energiequelle mit einem Elektromotor. Ist der Fotowiderstand abgedunkelt, so fließt durch die Relaisspule praktisch kein Strom. Dadurch liegt der Schaltarm des Relais am Ruhekontakt, so daß der Stromkreis für den Motor unterbrochen ist. Wird nun der Fotowiderstand beleuchtet, wird sein Widerstand kleiner. Dann reicht die Stromstärke aus, um das Relais anzusprechen. Der Schaltarm verbindet über den Arbeitskontakt den Motor mit der Energiequelle, der Motor beginnt zu arbeiten. Diese Schaltung könn-

[1]) Auch das Zeichen –▭– ist üblich.

[1]) Die Beleuchtungsstärke *E* wird in der Einheit Lux gemessen. Eine 100 W-Lampe liefert in einer Entfernung von 2 m etwa eine Beleuchtungsstärke von 50 Lux.

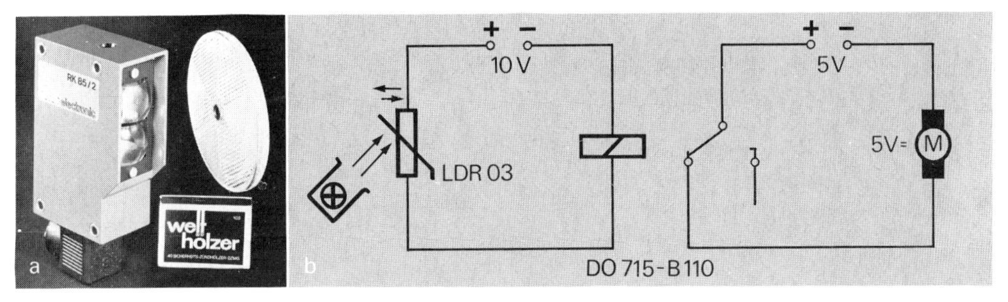

2.21 Mit Fotowiderständen können Lichtschranken (a) aufgebaut werden, die die unterschiedlichsten Anwendungen finden (b) Versuchsschaltung. – Zum Größenvergleich eine Zündholzschachtel.

te als Modell für eine Garagentorbedienung dienen.

Bei den kommerziellen Lichtschranken sind häufig die Lichtquelle und der Fotowiderstand in *einem* Gehäuse untergebracht (*Bild 2.21a*). Das Licht, das vom Gerät ausgeht, wird dann über einen Reflektor auf den Fotowiderstand reflektiert.

Fotowiderstände werden bevorzugt in Lichtschranken eingesetzt.

Auch beim Ölbrenner einer Heizungsanlage wird ein Fotowiderstand benutzt. Zunächst wird durch die Düse das Öl in die Brennkammer gesprüht. Mit einem Lichtbogen erfolgt die Zündung. Das Licht der Flamme trifft dann auf einen Fotowiderstand, der dafür sorgt, daß der Lichtbogen abgeschaltet wird. Dieser Fotowiderstand muß bei der Wartung stets von Ruß gereinigt werden, da sonst der Lichtbogen weiterbrennt und die Elektroden zu schnell verschleißen.

Nachteilig wirkt sich bei Fotowiderständen ihre Trägheit aus. Damit ist gemeint: Die Änderung des Widerstands erfolgt nur sehr langsam. In der Regel sind daher in der Sekunde nicht mehr als drei Schaltvorgänge möglich. Diese niedrige Schaltfrequenz von 3 Hz stört bei den meisten Lichtschranken nicht. Bei der optischen Nachrichtenübertragung müssen jedoch erheblich größere Frequenzen verarbeitet werden. Für solche Anwendungen wird die **Fotodiode** benutzt.

Fotodioden (Schaltzeichen [1]) bestehen wie normale Dioden aus einem pn-Übergang. Die Halbleiterschichten sind jedoch so dünn

[1]) Früher benutzte man das folgende Schaltzeichen

2.22 Bei Fotodioden wächst der Sperrstrom fast linear mit der Beleuchtungsstärke an.

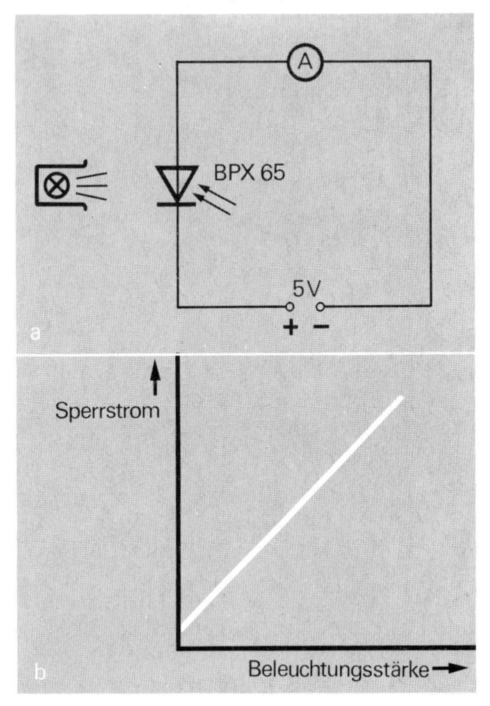

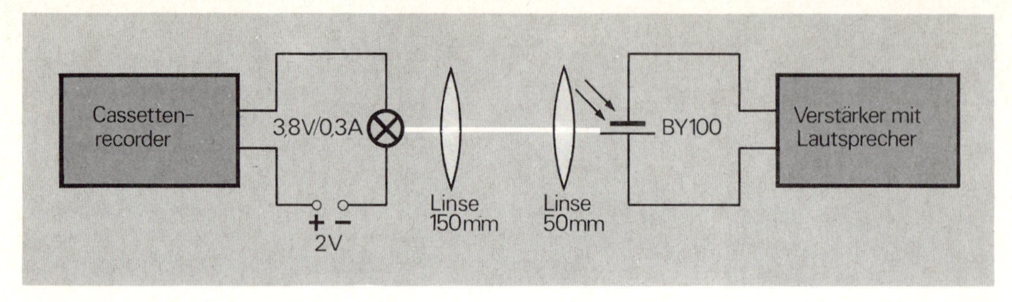

2.23 Mit einfachen Mitteln kann durch Lichtmodulation und ein Fotoelement eine Nachrichtenübertragung vorgenommen werden.

gefertigt, daß einfallendes Licht direkt auf den pn-Übergang einwirken kann. Eine Fotodiode wird immer in Sperrichtung betrieben. Fällt nun Licht auf die Verarmungszone, werden in ihr Ladungsträger frei gesetzt. Dadurch erhöht sich der Sperrstrom um ein Vielfaches. *Bild 2.22a* gibt einen Schaltplan an, mit dessen Versuchsaufbau die Abhängigkeit des Sperrstroms von der Beleuchtungsstärke untersucht werden kann. Wie die Gerade in *Bild 2.22b* zeigt, steigt der Sperrstrom fast linear mit der Beleuchtungsstärke an.

> Bei Fotodioden ist der Sperrstrom von der Beleuchtungsstärke abhängig. Je stärker die Beleuchtung ist, desto größer ist der Sperrstrom.

Fotodioden sind aufgrund des annähernd linearen Verlaufs des Sperrstroms besonders gut zur Lichtmessung geeignet. Sie reagieren noch bei Frequenzen von 100 000 Hz, sind also in der Lage, bis zu 100 000 Schaltvorgänge in der Sekunde auszuführen. Deshalb werden sie bevorzugt zum Abtasten von Lochstreifen in der Datenverarbeitung eingesetzt. Da die Stromstärke dabei insgesamt sehr klein ist, müssen stets Schaltverstärker (*Kapitel 3*) nachgeschaltet werden.
Ähnlich wie Fotodioden sind **Fotoelemente** (Schaltzeichen —|⊢—) aufgebaut. Fotoelemente benötigen zum Betrieb keine Spannungsquelle. Trifft Licht auf ein Fotoelement, so werden im pn-Übergang ebenfalls Ladungsträger frei, die jedoch an den Anschlußstellen zu einer Spannung führen. Auf eine vertiefte Betrachtung soll hier verzichtet werden.

> Fotoelemente liefern eine zur Beleuchtungsstärke proportionale Spannung.

Mit einem Fotoelement läßt sich besonders leicht die Nachrichtenübertragung durch Licht zeigen. *Bild 2.23* zeigt den prinzipiellen Aufbau: An den Ausgang eines Cassettenrecorders oder eines Plattenspielers wird über eine Batterie eine Glühlampe angeschlossen. Die Helligkeit der Glühlampe schwankt nun

2.24 Mit großflächig montierten Solarzellen kann die Lichtenergie zur Raumheizung genutzt werden.

im Takt der Musik oder der Sprache. Das Licht der Glühlampe wird mit einer Linse gebündelt und auf eine zweite Linse in etwa 10 m Entfernung gerichtet. Im Brennpunkt dieser Linse wird das Fotoelement justiert, das direkt mit dem Eingang eines Verstärkers verbunden ist. Die dem Licht aufmodulierten Tonschwankungen werden nun vom Fotoelement in Spannungsänderungen umgewandelt und über den Verstärker in einem Lautsprecher hörbar. Die Qualität dieser einfachen drahtlosen Übertragung ist erstaunlich gut.

Die Weiterentwicklung von Fotoelementen hat zu den **Solarzellen** geführt. Mit Solarzellen werden z.B. die Satelliten ausgerüstet, um sie mit elektrischer Energie versorgen zu können. Auch wenn der Wirkungsgrad von Solarzellen erst bei 12% liegt, werden doch ernste Anstrengungen unternommen, sie zur Gewinnung der Heizenergie für Häuser einzusetzen (*Bild 2.24*).

Aufgaben

1. Entwickeln Sie mit einem Fotowiderstand und einem Relais einen Schaltplan, nach dem man eine automatische Parklichtbeleuchtung bauen könnte.
2. Beschreiben Sie kurz drei weitere Anwendungsbeispiele für lichtabhängige Bauelemente.
3. Skizzieren Sie die Kennlinie einer Fotodiode bei unterschiedlichen Beleuchtungsstärken.
4. Mit einer normalen Diode kann die grundsätzliche Arbeitsweise eines NTC-Widerstandes und eines Fotowiderstandes gezeigt werden. Wie muß dann experimentiert werden?

3. Der Transistor als Schalter

Der Transistor ist eines der einfachsten Bauelemente mit mehr als zwei Anschlüssen. Seine Entdeckung im Jahr 1948 kann als die Geburtsstunde der modernen Elektronik angesehen werden. Seine zielstrebige Weiterentwicklung hat zum heutigen elektronischen Komfort geführt. Die Entwicklung der Elektronik kann nur verstanden werden, wenn man sich mit den grundsätzlichen Eigenschaften eines Transistors vertraut macht.

Schon der Name läßt einen Rückschluß auf die Arbeitsweise des Transistors zu. Er ist gebildet worden aus den englischen Worten *transfer* = Übertragung und *resistor* = Widerstand. Eine freie Übersetzung könnte *„Widerstandswandler"* heißen.

Bei einer groben Einteilung der Anwendungsmöglichkeiten des Transistors ergeben sich zwei Schwerpunkte, zum einen seine Arbeitsweise als Schalter und zum anderen als Verstärker. Seine Verstärkerwirkung soll erst im *Kapitel 6* besprochen werden.

3.1 Der Transistoreffekt

Bisher ist nur die Arbeits- und Funktionsweise von Zweipolen, d.h. von Bauelementen mit zwei Anschlüssen, betrachtet worden. Ein **Transistor** hat stets drei Anschlüsse. Diese drei Anschlüsse werden durch Buchstaben gekennzeichnet: E bedeutet **Emitter**, B steht für **Basis** und C ist aus der engl. Schreibweise für **Kollektor** gewählt worden. *Bild 3.1a* zeigt einige Transistoren für verschiedene Anwendungsbereiche. Für alle wird ein einheitliches Schaltzeichen benutzt (*Bild 3.1b*). Bei vielen Transistoren kann man die Anschlüsse erkennen, wenn man den Transistor von unten betrachtet: An der Metallnase liegt der Emitter, in der Mitte die Basis und gegenüber vom Emitter der Kollektor. Bei Transistoren mit einem aufschraubbaren Metallgehäuse ist das Metallgehäuse selbst bereits der Anschluß des Kollektors.

Eine erste Eigenschaft des Transistors läßt sich in einer einfachen Versuchsreihe ermitteln. Dazu werden nur jeweils zwei Anschlüsse des Transistors benutzt und über eine Glühlampe mit einer Energiequelle verbunden. In den *Bildern 3.2a* und *b* sind vier Schaltpläne gezeichnet, wobei auch bei unterschiedlicher Polung der Energiequelle gearbeitet wird. Es fehlen die Schaltpläne für die Anschlußkombination Emitter – Kollektor. Die Beobach-

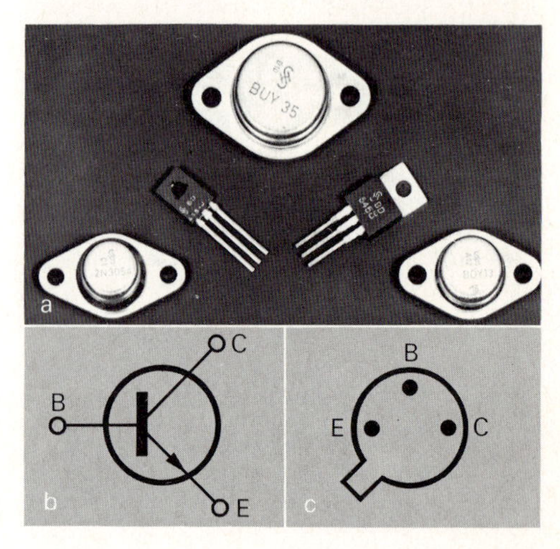

3.1 Transistoren werden in verschiedenen Bauformen hergestellt (a). Ihr Schaltzeichen ist einheitlich festgesetzt (b). Sieht man z.B. beim Typ BC 109 von unten auf den Transistor, so kann man die Anschlüsse an der „Metallnase" erkennen (c).

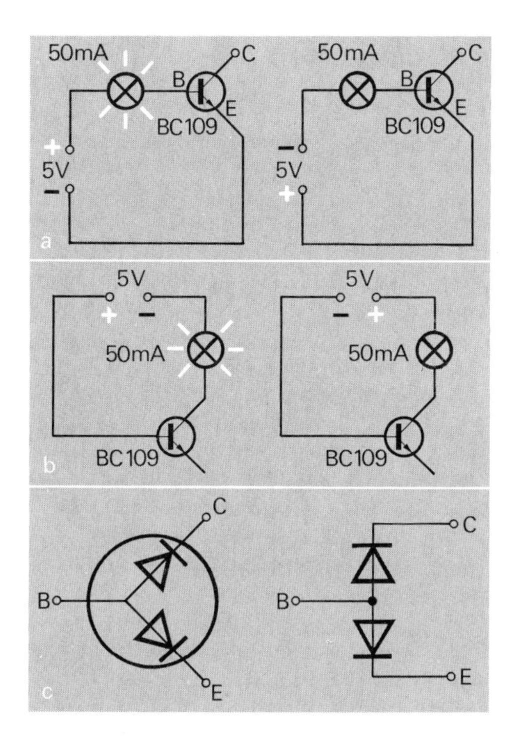

3.2 Die Diodenstrecken am Transistor werden untersucht. (a) Emitter-Basisdiode (b) Basis-Kollektordiode (c) Diodenersatzschaltbild

tungen an der Glühlampe kann man für die vier abgebildeten Versuchanordnungen in einer Tabelle zusammenfassen:

Polung der Energiequelle	Verhalten der Glühlampe
a) E an +, B an −	dunkel
a) E an −, B an +	hell
b) C an +, B an −	dunkel
b) C an −, B an +	hell

Aus der Tabelle ist ersichtlich, daß sich die Emitter-Basisstrecke und die Basis-Kollektorstrecke jeweils wie eine Diode verhalten. Diese Strecken sind nur dann leitend, wenn die Basis an den positiven Pol der Energiequelle angeschlossen wird. In *Bild 3.2c* sind die Dioden zwischen die drei Anschlüsse des Transistors gezeichnet worden. Man spricht auch von einem „Diodenersatzschaltbild" des Transistors. Man darf sich aber nicht vorstellen, daß man einen Transistor aus zwei Dioden aufbauen könnte.

Ein Transistor enthält zwei Diodenstrecken, die Emitter-Basisdiode und die Basis-Kollektordiode.

Den eigentlichen **Transistoreffekt** beobachtet man erst, wenn alle drei Anschlüsse gleichzeitig elektrisch beschaltet werden. Eine übersichtliche Versuchsanordnung ist in *Bild 3.3a* wiedergegeben. Der Transistor ist in zwei Stromkreise geschaltet worden. Der eine Stromkreis führt über die Emitter-Basisdiode, so wie es bereits im *Bild 3.2a* dargestellt war. Der zweite Stromkreis mit der Lampe L_2 wird über den Emitter- und den Kollektoranschluß hergestellt. Nach dem einfachen Diodenersatzschaltbild dürfte in diesem Stromkreis in keinem Fall ein Strom fließen, denn die beiden Dioden sind gegeneinander geschaltet. Wie man auch die Polung der Energiequelle wählt,

3.3 Die Emitter-Kollektorstrecke wird leitend, wenn die Basis an den positiven Pol angeschlossen wird.

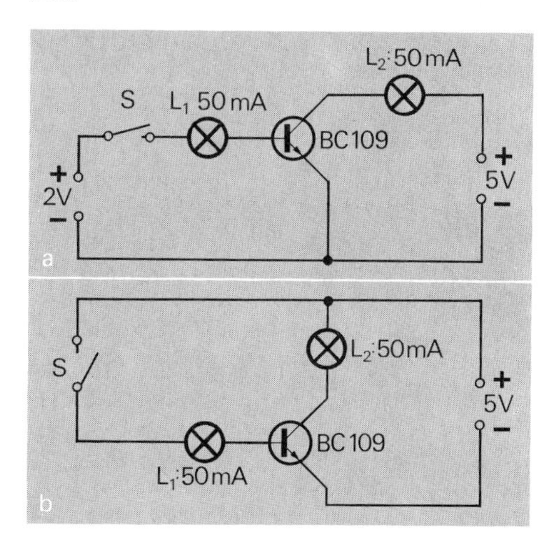

eine der beiden Dioden sperrt, so daß kein Strom zu erwarten ist.
Die Versuchsdurchführung zeigt jedoch eine überraschende Beobachtung. Ist der Schalter S geöffnet, so sind erwartungsgemäß beide Lampen dunkel. Wird anschließend der Schalter geschlossen, so leuchtet nicht nur die Lampe L_1 in der Basiszuleitung auf, sondern ebenfalls die Lampe L_2 in der Kollektorzuleitung. Dadurch wird angezeigt, daß die Emitter-Kollektorstrecke leitend geworden ist.

Die Emitter-Kollektorstrecke eines Transistors wird leitend, wenn die Basis an den positiven Pol einer Energiequelle angeschlossen wird.

Diese Beobachtung zeigt, daß das Diodenersatzschaltbild des Transistors unzulänglich ist. Eine Erklärung dafür wird im nächsten Abschnitt gegeben.
Der Transistoreffekt kann noch einfacher mit nur einer Energiequelle vorgeführt werden. Ein Vergleich von *Bild 3.3b* mit *Teilbild a* läßt erkennen, daß statt der Energiequelle zwischen Emitter und Basis nun die Energiequelle des Emitter-Kollektorstromkreises benutzt wird. Dies ist möglich, weil vorher beide Minuspole mit dem Emitter verschaltet waren. Diese Schaltung ist für die Anwendungsmöglichkeit eines Transistors günstiger, als wenn zwei Energiequellen benötigt werden.
Da die Emitter-Basisdiode in Durchlaßrichtung arbeitet, kann die Spannung zwischen Emitter und Basis im Vergleich zur Betriebsspannung erheblich kleiner gewählt werden. Dies wird meist durch einen Spannungsteiler *„an der Basis"* erreicht (*Bild 3.4*).
Für die Einsatzmöglichkeiten eines Transistors in elektrischen Schaltungen sind die Stromstärken in den Zuleitungen besonders wichtig. Deshalb sind in *Bild 3.4* Strommesser für den Basisstrom I_B und den Kollektorstrom I_C eingetragen worden. Wird der Schalter S geschlossen, so beobachtet man zunächst wieder den Transistoreffekt: Die Glühlampe in der Kollektorzuleitung leuchtet hell auf. Zusätzlich kann man die Stromstärken ablesen. Dabei ergeben sich z.B. folgende Meßergebnisse: $I_B = 0{,}5$ mA und $I_C = 60$ mA. Auch wenn mit anderen Transistoren experimentiert wird, zeigt sich stets, daß der Kollektorstrom fast um den Faktor 100 größer als der Basisstrom ist.

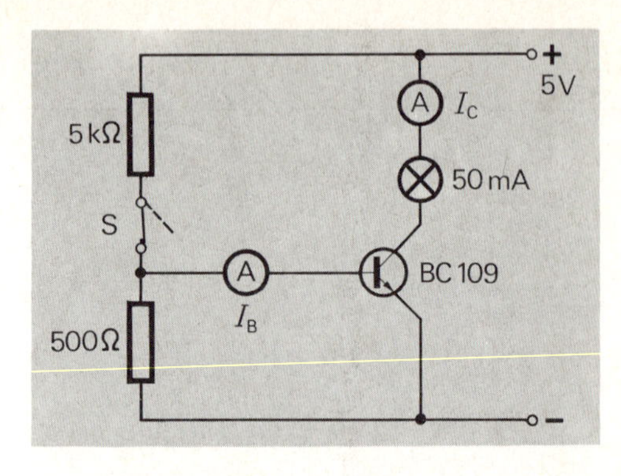

3.4 Die Basisstromstärke wird mit der Kollektorstromstärke verglichen. Sie unterscheiden sich etwa um den Faktor 100.

Der Kollektorstrom ist stets erheblich stärker als der Basisstrom. Ihre Stärken unterscheiden sich ungefähr um den Faktor 100.

3.5 Die Arbeitsweise eines Transistors kann mit der eines Relais verglichen werden. Mit einem kleinen Steuerstrom kann ein großer Schaltstrom gesteuert werden.

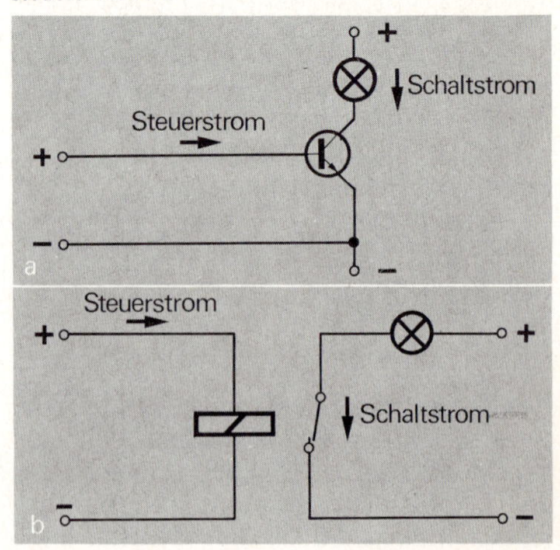

Die Untersuchung über die Stromstärken läßt sich auch noch anders interpretieren. Ohne auf die einzelnen Bauteile genauer zu achten, würde man die Beobachtung an der Schaltung nach *Bild 3.4* folgendermaßen beschreiben: Wird der Schalter S geschlossen, so leuchtet die Glühlampe auf. Dies könnte man natürlich in einem ganz einfachen Stromkreis aus Energiequelle, Glühlampe und Schalter ebenfalls feststellen. Doch das Besondere der untersuchten Schaltung liegt in den Stromstärken. Über den Schalter fließt nur der sehr kleine Basisstrom, durch die Glühlampe jedoch der erheblich stärkere Kollektorstrom. Oder mit anderen Worten: Durch den kleinen Basisstrom wird der starke Kollektorstrom *„geschaltet“*.
Die Arbeitsweise des Transistors legt einen Vergleich mit einem Relais nahe (*Bild 3.5*). Bei einem Relais fließt der vergleichsweise schwache Steuerstrom durch die Spule und bewirkt das Umschalten des Ankers. Der Schaltstrom ist meist wesentlich stärker. Der Spule des Relais entspricht die Emitter-Basisdiode des Transistors. Die Emitter-Kollektorstrecke kann mit dem Anker des Relais verglichen werden.

Ein Transistor kann in seiner Arbeitsweise mit der eines Relais verglichen werden.

Transistoren haben gegenüber dem Relais mehrere Vorzüge. Da sich beim Transistor keine mechanischen Teile bewegen, treten praktisch keine Verschleißerscheinungen auf. Außerdem sind die Transistoren meist kleiner und preiswerter als die Relais.

Aufgaben

1. In *Bild 3.2* ist kein Schaltplan für die Untersuchung der Emitter-Kollektorstrecke dargestellt. Warum konnte diese Zeichnung entfallen, ohne daß der Gedankengang gestört wurde?

2. Transistoren müssen beim Betrieb vor zu starker Erwärmung geschützt werden. Wie erklären Sie diese Vorsichtsmaßnahme?

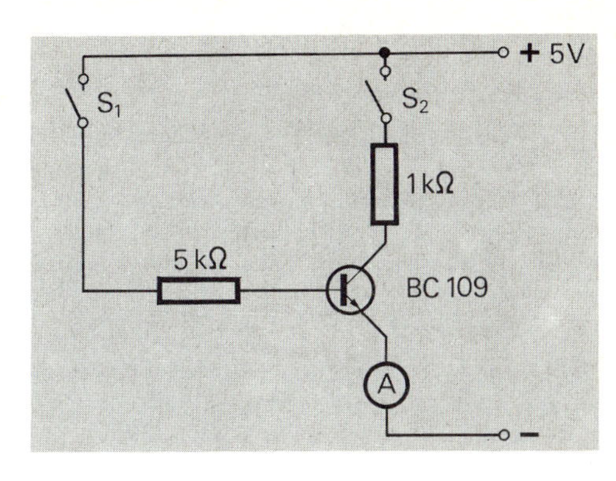

3.6 Zu Aufgabe 3

3. In *Bild 3.6* wird der Strommesser in der Emitterzuleitung beobachtet, wenn die Schalter S_1 und S_2 betätigt werden. Was wird man bei den folgenden Schaltzuständen beobachten?
a) S_1 geschlossen, S_2 offen,
b) S_1 offen, S_2 geschlossen,
c) S_1 und S_2 geschlossen.

4. Ein Relais hat gegenüber einem Transistor auch Vorzüge. Welche können Sie nennen?

3.2 Der npn-Übergang

Das elektrische Verhalten eines Transistors wird durch seinen inneren Aufbau bestimmt. Es hat sich bereits gezeigt, daß Teile des Transistors Diodeneigenschaften haben. Selbst bei starker Vergrößerung ist im Innern eines Transistors (*Bild 3.7*) der Kristallaufbau praktisch nicht zu erkennen. Daher muß ohne experimentelle Untersuchung mitgeteilt werden, wie ein Transistor aufgebaut ist.

Die Dioden entstehen durch die Aufeinanderfolge von drei unterschiedlich dotierten Schichten. Diese Schichten sind in *Bild 3.8a* dargestellt. Die Basis des Transistors ist mit einer positiv dotierten Schicht verbunden, Emitter und Kollektor liegen an n-dotierten Schichten. Man spricht auch kurz von einem npn-Transistor.

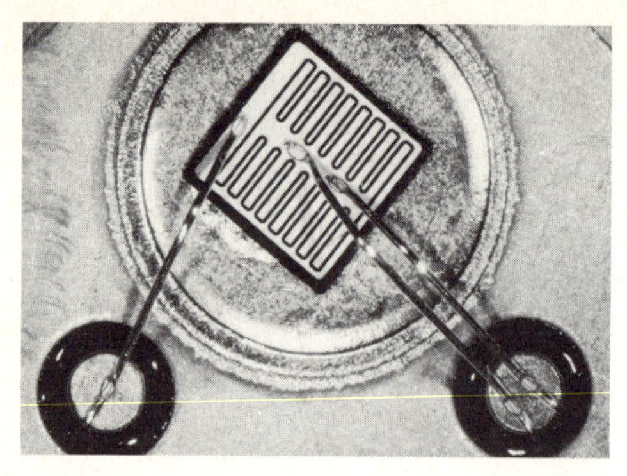

3.7 Das Halbleitermaterial benötigt bei einem Transistor fast weniger Platz als die Anschlußstellen für Emitter und Kollektor.

Eine n-p-n Schichtenfolge bildet den grundsätzlichen Aufbau eines npn-Transistors.

Der gesamte Halbleiterkristall eines Transistors ist sehr klein. Je nach Typ liegt seine Größenordnung bei 1 mm^3. Besonders dünn muß die Basisschicht ausgebildet sein. Sie hat in der Regel eine Dicke von 0,01 – 0,02 mm. In den folgenden Zeichnungen können die richtigen Maßstabsverhältnisse nicht berücksichtigt werden, da sich sonst die wesentlichen Überlegungen nicht veranschaulichen ließen.
An den beiden pn-Übergängen bilden sich beim Transistor zwei Verarmungszonen aus (*Bild 3.8b*), eine zwischen Emitter und Basis, die andere zwischen Basis und Kollektor. In einer Schaltung nach *Bild 3.9a* ist die Emitter-Basisdiode leitend, da durch den Spannungsteiler an der Basis zwischen Emitter und Basis eine Spannung von 2 V liegt. Dabei liegt der Pluspol an der Basis. Zwischen der Basis und dem Kollektor entsteht eine Spannung von 3 V, jedoch so gepolt, daß für den pn-Übergang Basis – Kollektor an der Basis der Minuspol liegt. (*Bild 3.9b*). In *Bild 3.9b* ist deshalb dort die Verarmungszone stark verbreitert eingetragen, die Basis-Kollektordiode sperrt.
Wie entsteht nun der Emitter-Kollektorstrom? Zur Erklärung soll nur die Bewegung der Elektronen betrachtet werden. Dies vereinfacht die Überlegung. Die Elektronen aus der n-dotierten Emitterschicht gelangen über die in Durchlaßrichtung arbeitende Emitter-Basis-

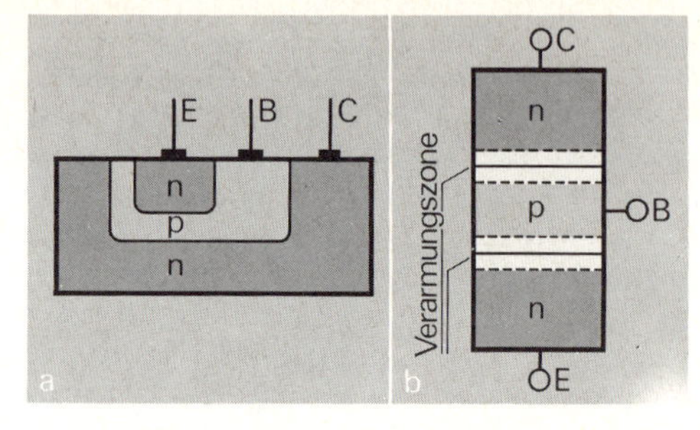

3.8 Ein Transistor ist aus drei verschieden dotierten Schichten aufgebaut. Die Zeichnung zeigt das Schema eines npn-Transistors.

3.9 Der Transistor wird meist so beschaltet, daß die Emitter-Basisdiode in Durchlaßrichtung arbeitet, während die Basis-Kollektordiode sperrt.

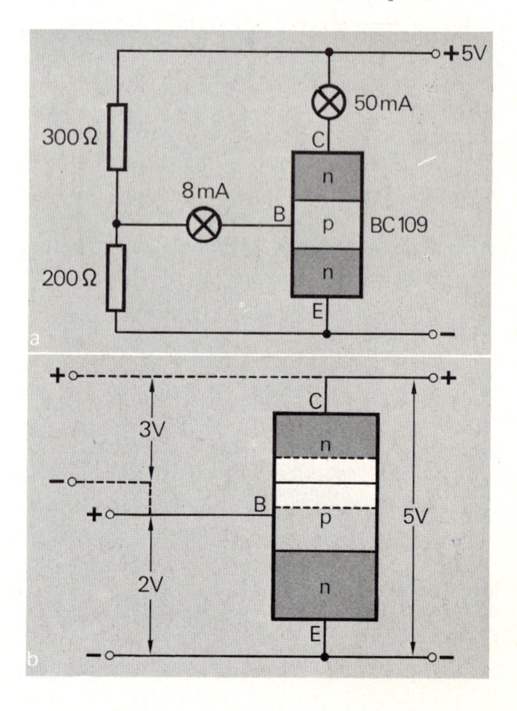

diode in die Basisschicht. Diese Schicht ist nun so dünn, daß die Elektronen „weiterfliegen" und in die Verarmungszone zwischen Basis und Kollektor eindringen. Diese Zone wird regelrecht von Elektronen überflutet, so daß sie leitend wird. Durch den positiv angeschlossenen Kollektor werden die Elektronen angezogen und wandern durch die Kollektorzuleitung zur Energiequelle zurück. Eine in der Kollektorzuleitung eingeschaltete Glühlampe würde hell aufleuchten.

Durch eine „Überflutung" der Verarmungszone zwischen Basis und Kollektor durch Elektronen wird die Emitter-Kollektorstrecke eines Transistors leitend.

Anmerkung: Die Bezeichnung der Transistoranschlüsse ist aus der lateinischen Sprache entnommen. „Emittere" bedeutet „aussenden", vom Emitter des Transistors gehen die Elektronen aus. „Collektor" ist der „Sammler", hier werden die Elektronen wieder „eingesammelt". Die mittlere Schicht war bei den ersten „Spitzentransistoren" die Grundlage für den weiteren Kristallaufbau des Transistors. Sie hat daher die Bezeichnung „Basis" erhalten.
Die Basisschicht bei Transistoren wird so dünn hergestellt, daß nur ganz wenige Elektronen (etwa 1%) zum Basisanschluß „abbiegen". Die meisten Elektronen bewegen sich direkt vom Emitter zum Kollektor. Durch eingeschaltete Strommesser ist dies leicht zu bestätigen. Werden nämlich alle drei Stromstärken gemessen, also die Emitterstromstärke I_E, die Basisstromstärke I_B und die Kollektorstromstärke I_C *(Bild 3.10 a)*, so ist die Kollektorstromstärke I_C nur wenig kleiner als die Emitterstromstärke I_E. Die Differenz $(I_E - I_C)$ ergibt genau die Basisstromstärke I_B. Dieser Sachverhalt ist im *Bild 3.10 b* übertrieben stark dargestellt[1].

3.10 Die Emitterstromstärke I_E ergibt sich als Summe aus der Basisstromstärke I_B und der Kollektorstromstärke I_C.

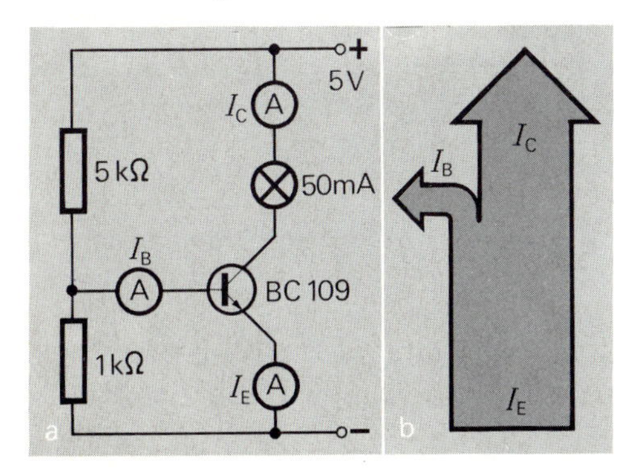

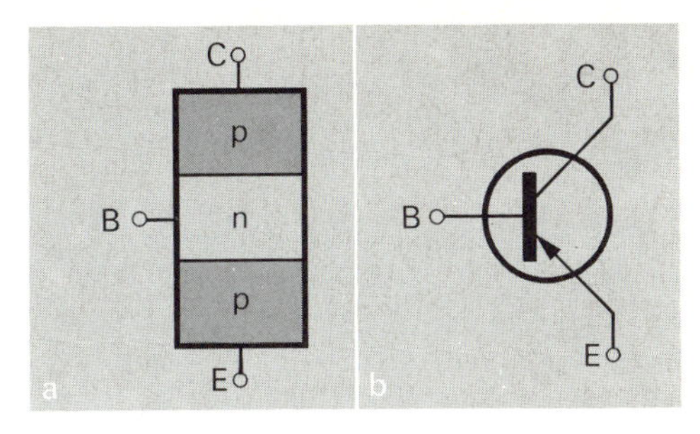

3.11 Bei einem pnp-Transistor ist im Schaltsymbol die Pfeilrichtung entgegengesetzt angeordnet wie bei einem npn-Transistor.

Zwischen den Stromstärken einer Transistorschaltung gilt die Beziehung
$I_E = I_B + I_C$.

Neben dem npn-Transistor werden auch Transistoren gefertigt, deren Schichtenfolge gerade „umgekehrt" ist. Die Basis ist dort n-dotiert, während Emitter und Kollektor p-dotiert sind. Man bezeichnet diese Transistoren entsprechend als **pnp-Transistoren**. Im Schaltsymbol wird dies durch die Pfeilspitze beim Emitter gekennzeichnet (*Bild 3.11*). Bei pnp-Transistoren zeigt die Pfeilspitze zum Basisan-

[1]) Die konventionelle Stromrichtung ist entgegengesetzt zur Bewegungsrichtung der Elektronen. Man benutzt meist für die Richtung der Ströme am Transistor folgende Vereinbarung: Alle Ströme, die in den Transistor fließen, werden positiv gezählt, alle herauskommenden negativ.

schluß, bei npn-Transistoren aus dem Transistor heraus. Die Arbeitsweise von pnp-Transistoren ist physikalisch gesehen fast gleich. Schaltungstechnisch muß nur bedacht werden, daß die Energiequelle mit umgekehrter Polung angeschlossen wird. Der Emitter liegt dann am Pluspol, der Kollektoranschluß führt zum Minuspol. Aus Herstellungsgründen sind pnp-Transistoren meistens auf Germaniumbasis aufgebaut, während für npn-Transistoren überwiegend Silizium als Grundmaterial dient. Im Gegensatz zu speziellen Transistoren (siehe *Kapitel 8*) wird der bisher besprochene Transistor auch **Bipolartransistor** genannt.
Für die Anwendung des Transistors sind fast unüberschaubar viele Transistortypen gefertigt worden. Genauere Auskünfte über die Eigenschaften eines Transistors gibt das *Datenblatt*, das von jedem Transistorhersteller veröffentlicht wird. Ein Datenblatt des Transistortyps BC 109 findet der interessierte Leser im Anhang. Bereits die Buchstabenkennzeichnung eines Transistors gibt Auskunft über die mögliche Anwendung. Der erste Buchstabe kennzeichnet das Halbleitermaterial. So bedeutet „A“ Germanium und „B“ Silizium. Der zweite Buchstabe beschreibt den vorgesehenen Anwendungsbereich. Ein „C“ steht für den Einsatz in der Niederfrequenztechnik geringerer Leistung, z. B. in einfachen Cassettenrecordern. Der Buchstabe „D“ wird bei Leistungstransistoren benutzt, die z. B. in den „großen“ Verstärkern benötigt werden. Bei Hochfrequenztransistoren z. B. in Sprechfunkgeräten ist der zweite Buchstabe ein „F“ oder ein „L“. Die nachfolgenden Zahlen beschreiben die Entwicklungsnummer beim Hersteller.

Aufgaben

1. Obwohl bei der Schichtenfolge npn zwei Dioden entstehen, läßt sich ein Transistor nicht aus zwei einzelnen Dioden aufbauen. Warum nicht?
2. Bei der anschaulichen Deutung des Transistoreffekts wurde nur die Bewegung der Elektronen betrachtet. Was können Sie über die Bewegung der Lücken aussagen?
3. Geben Sie einen vollständigen Schaltplan mit einem pnp-Transistor an, mit dem der Transistoreffekt gezeigt werden kann.
4. Die Transistoren AC 176 und BD 130 findet man in vielen Schaltungen. Was läßt sich aus der Typenkennzeichnung ablesen?

3.3 Der Schaltverstärker

Der Transistor arbeitet in zahlreichen Geräten als **elektronischer Schalter**. Seine Schalterwirkung soll zuerst anhand des Schaltplans von *Bild 3.12 a* erläutert werden.

Bereits beim Transistoreffekt wurde deutlich, daß die Leitfähigkeit der Emitter- Kollektorstrecke von der Spannung an der Basis abhängt. Wird nun die Spannung an der Basis U_{EB} mit dem regelbaren Widerstand verändert, so läßt sich an der Glühlampe folgendes beobachten: Bei sehr kleinen Spannungen (unterhalb von 0,2 V) ist die Glühlampe dunkel. Wird die Spannung weiter erhöht, so beginnt die Glühlampe zu leuchten. Ab 0,8 V hat sie ihre volle Helligkeit erreicht und wird auch

3.12 Wird der Transistor als Schalter betrieben, so unterscheidet man nur die Zustände *leitend* und *nicht leitend*.

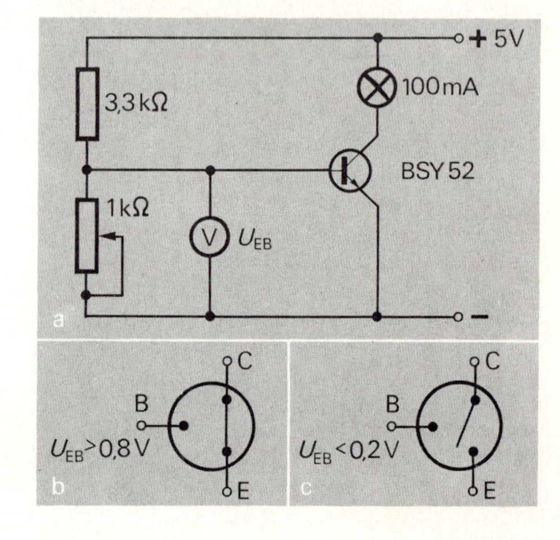

bei weiterer Vergrößerung der Spannung nicht heller.
Für den Schalterbetrieb des Transistors interessieren nur die beiden Zustände „Lampe dunkel" oder „Lampe hell". Für die Emitter-Kollektorstrecke bedeutet dies: „nicht leitend" und „leitend". Man spricht auch kurz davon, daß der Transistor leitet oder nicht leitet und meint damit immer die Emitter-Kollektorstrecke. Der Übergangsbereich zwischen 0,2 V und 0,8 V wird in praktischen Schaltungen so schnell „durchlaufen", daß er unbeachtet bleiben kann[1].

Arbeitet ein Transistor als Schalter, unterscheidet man nur die beiden Zustände *leitend* und *nicht leitend.* Sein Verhalten wird durch die Spannung an der Basis bestimmt.

Die *Bilder 3.12 b* und *c* zeigen das Schaltverhalten noch einmal in einer vereinfachten Darstellung. Liegt eine Spannung an der Basis ($U_{EB} > 0{,}8$ V), so sind Emitter und Kollektor wie durch einen Schalter verbunden. Der Stromkreis zwischen Emitter und Kollektor ist unterbrochen, wenn an der Basis keine Spannung liegt ($U_{EB} < 0{,}2$ V).
Da die Kollektorstromstärke erheblich stärker ist als die Basisstromstärke, spricht man auch von einem **Schaltverstärker**, wenn der Transistor im Schalterbetrieb eingesetzt wird. Er kann dann in vielen Fällen ein Relais ersetzen.

Bei einem Schaltverstärker wird mit einem kleinen Basisstrom ein großer Kollektorstrom geschaltet.

Die folgenden Beispiele sollen einen kleinen Ausschnitt aus der Vielzahl der Anwendungsmöglichkeiten des Transistors als Schalter aufzeigen. Das „angetriebene" Gerät wird durch eine Glühlampe simuliert. Dieses Gerät kann in der Praxis ein Elektromotor, eine Hupe,

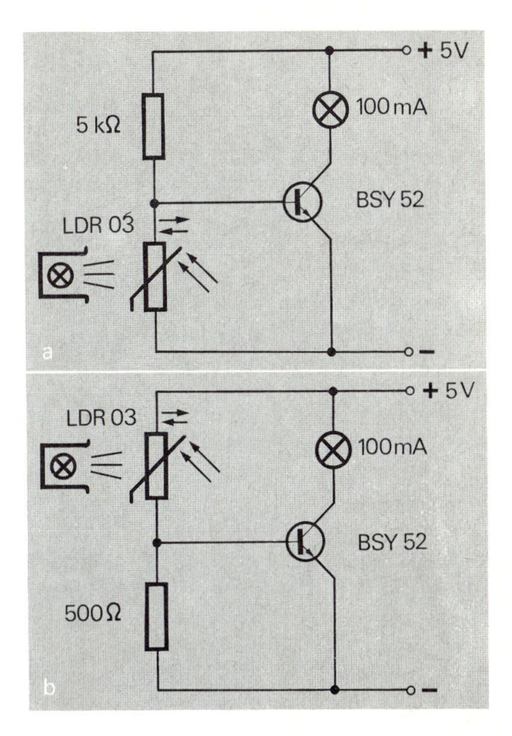

3.13 Eine einfache Lichtschranke mit einem Schaltverstärker. (a) Dunkelschaltung (b) Hellschaltung

eine Heizspirale oder eine weitere elektronische Schaltung sein.
Bild 3.13 zeigt eine elektronische Lichtschranke. Im Teil *b* liegt an der Basis des Transistors ein Spannungsteiler aus einem ohmschen Widerstand und einem Fotowiderstand. Der Fotowiderstand wurde zwischen die Basis und den Pluspol der Energiequelle geschaltet. Wie verhält sich nun die Schaltung, wenn die Beleuchtung des Fotowiderstands verändert wird? Ist der Fotowiderstand unbeleuchtet, so ist sein Widerstand sehr groß. Dadurch fällt an dem 500 Ω-Widerstand eine so kleine Spannung ab, daß der Transistor nicht leitend ist. Die Glühlampe ist dunkel. Beleuchtet man dagegen den Fotowiderstand, so wird an ihm der Spannungsabfall kleiner, dies bedeutet, an dem 500 Ω-Widerstand vergrößert sich der

[1]) Genau dieser Bereich ist beim *Verstärkerbetrieb* des Transistors wichtig. Er wird in *Kapitel 6* ausführlich untersucht.

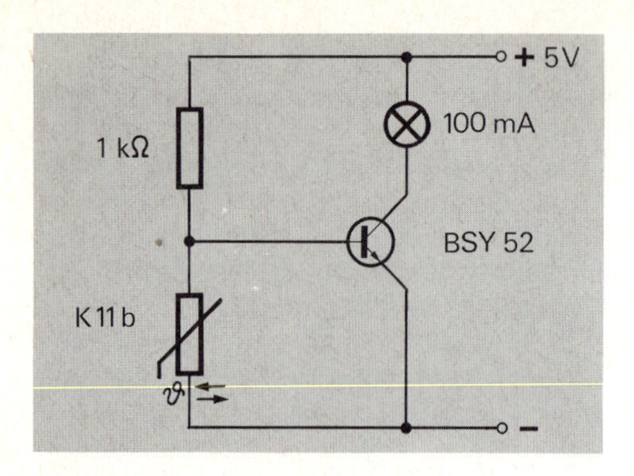

3.14 Wird der Heißleiter erwärmt, so wird die Lampe dunkel. Diese Schaltung kann daher zur Temperaturüberwachung eingesetzt werden.

Spannungsabfall.
(*Kennen Sie noch die Gesetzmäßigkeiten eines Spannungsteilers?*)
Die Spannung U_{EB} an der Basis wird so groß, daß der Transistor leitend wird und die Glühlampe aufleuchtet.
Da in diesem Beispiel das Gerät (die Glühlampe) bei Helligkeit arbeitet, spricht man von der **Hellschaltung**. Die Arbeitsweise der **Dunkelschaltung** nach *Bild 3.13 a* ist sehr ähnlich. Sie sei dem Leser zum Durchdenken sehr empfohlen.
Verwendet man statt des Fotowiderstands einen anderen Meßfühler, z. B. einen Heißleiter, so entsteht ein temperaturempfindlicher Schaltverstärker. Die Schaltung nach *Bild*

3.15 Mit einem zweistufigen Schaltverstärker kann ein Füllstandskontrollgerät aufgebaut werden.

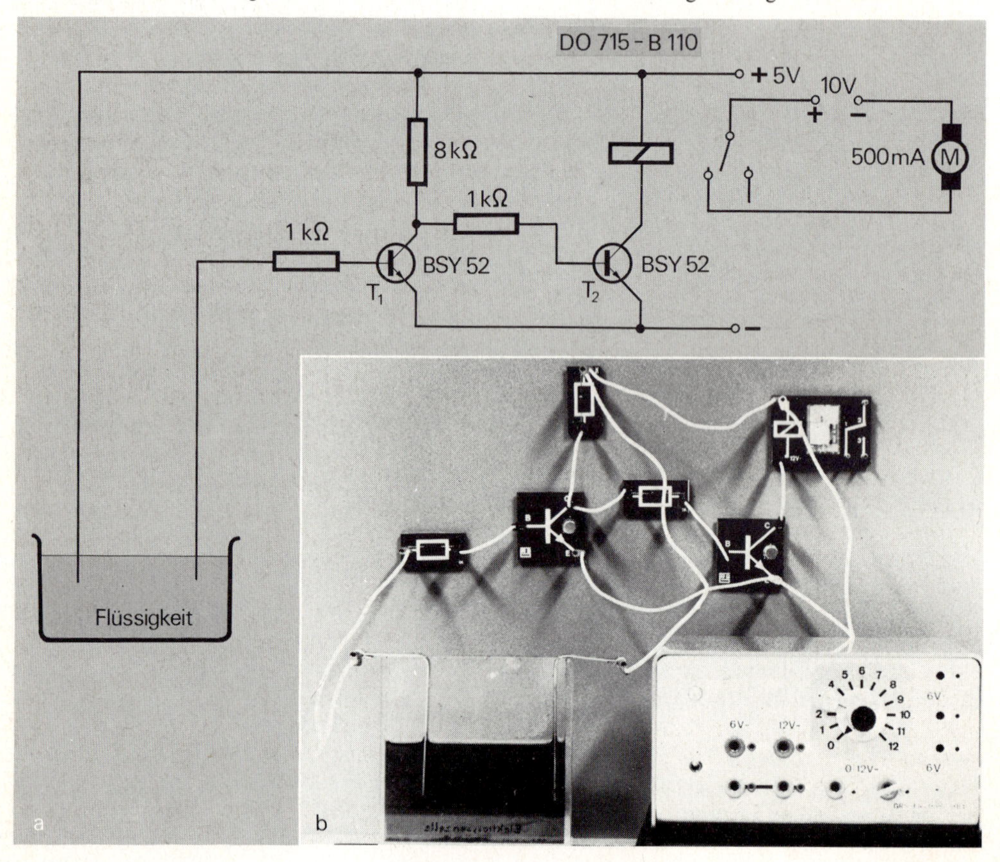

3.14 kann z. B. in einem Brennofen für Töpferarbeiten eingesetzt werden. Sinkt die Temperatur unter einen Mindestwert, so leuchtet eine Kontrollampe auf. Ist nämlich der Heißleiter stark erwärmt, so ist sein Widerstand gering. Der Spannungsabfall ist dann so klein, daß der Transistor nicht leitet und die Glühlampe dunkel bleibt. Kühlt sich dagegen der Heißleiter ab, so steigt an ihm der Spannungsabfall. Dadurch wird der Transistor leitend, die Glühlampe in der Kollektorzuleitung leuchtet auf.

Ein Schaltverstärker kann mit einem Fotowiderstand als Lichtschranke geschaltet werden. Verwendet man als Meßfühler einen Heißleiter, so entsteht eine elektronische Temperaturüberwachung.

Die Empfindlichkeit von Schaltverstärkern kann durch zwei hintereinander geschaltete Transistoren wesentlich erhöht werden. *Bild 3.15 a* zeigt einen Schaltplan einer elektronischen Füllstandskontrollanlage, in der schon „eine Menge Elektronik" eingebaut ist. Sie soll den Füllstand in einem Flüssigkeitsbehälter kontrollieren. Die Flüssigkeit soll dabei etwas den Strom leiten können, es reicht die Leitfähigkeit vom Leitungswasser. In die Flüssigkeit werden zwei Elektroden gebracht, die (über einen Schutzwiderstand von 1 kΩ) mit dem Pluspol der Energiequelle und der Basis des ersten Transistors T_1 verbunden sind.
Tauchen noch beide Elektroden in die Flüssigkeit ein, so liegt der Pluspol der Energiequelle an der Basis von T_1, er ist leitend. Dadurch ist die Basis des zweiten Transistors T_2 (ebenfalls über einen Schutzwiderstand von 1 kΩ) mit dem Minuspol verbunden, so daß er sperrt. Deshalb fließt durch das Relais kein Strom. Sinkt nun der Flüssigkeitsstand im Gefäß so weit ab, daß die Elektroden nicht mehr eintauchen, liegt die Basis von T_1 nicht mehr am Pluspol. Deshalb sperrt dieser Transistor. Dann liegt der zweite Transistor T_2 über dem Widerstand mit 8 kΩ mit der Basis am Pluspol. Der Transistor wird leitend, durch das Relais fließt ein Strom, und eine Pumpe kann dafür sorgen,

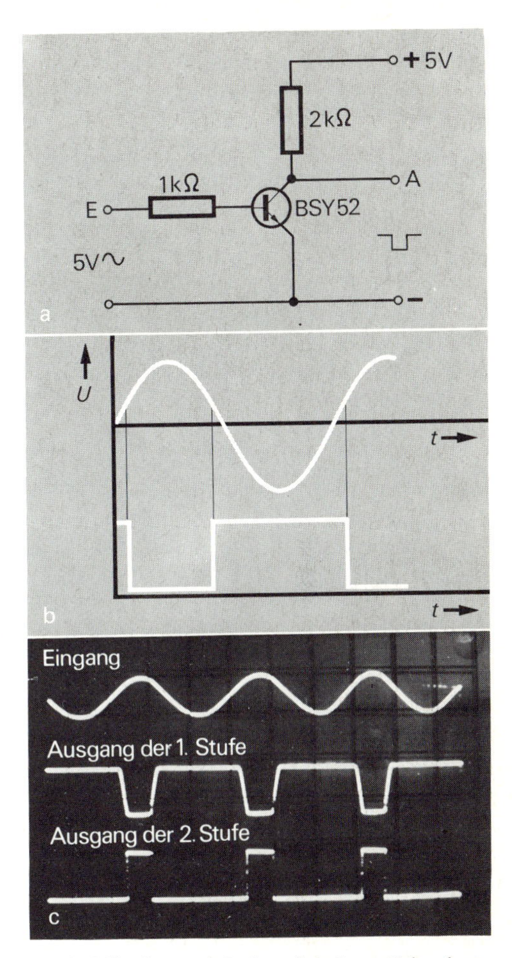

3.16 Mit einem einfachen Schaltverstärker kann aus einer sinusförmigen Spannung eine Rechteckspannung gewonnen werden.

daß neue Flüssigkeit in das Gerät eingepumpt wird. Mit dieser Schaltung kann also der Flüssigkeitsstand automatisch auf einer konstanten Höhe gehalten werden.
Diese Schaltung kann z. B. zur Regulierung der Wasserstandshöhe in einem Wasserturm oder einem Stausee eingesetzt werden. *Bild 3.15 b* zeigt die Anordnung im Versuchsaufbau.
Schaltverstärker können auch zur Impulsformung eingesetzt werden. Sie kennen sicher die

sinusförmige Wechselspannung. Es gibt aber auch Impulse, deren zeitlicher Verlauf wie ein Rechteck aussieht. Elektronisch gesteuerte Maschinen werden überwiegend durch Rechteckimpulse geschaltet. Da durch das Lichtnetz ein sinusförmiger Spannungsverlauf geliefert wird, muß die Form des Impulses geändert werden. Mit einfachen Schaltverstärkern nach *Bild 3.16 a* läßt sich eine derartige Impulsformung vornehmen: An den Eingang E der Schaltung wird die sinusförmige Spannung gelegt. Bei der „unteren Halbwelle" liegt keine positive Spannung an der Basis des Transistors. Deshalb sperrt er, und am Ausgang A ist fast die Betriebsspannung von 5 V. nachweisbar. Bei der „positiven Halbwelle" wird der Transistor schnell leitend, so daß zwischen dem Ausgang A und dem Emitter praktisch keine Spannung auftritt. Es entsteht eine Rechteckspannung; *Bild 3.16 b* zeigt die Form. Die rechteckige Form kann noch durch eine zweite Transistorstufe verbessert werden (*Bild 3.16 c*).

Schaltverstärker können zur Erzeugung von Rechteckspannungen aus sinusförmigen Spannungen benutzt werden.

Aufgaben

1. Geben Sie einen genauen Schaltplan für einen Schaltverstärker mit einem Heißleiter an, der als Feuermelder arbeiten kann.

2. *Bild 3.17* zeigt einen Schaltverstärker mit einem Fotowiderstand. Die Glühlampe der Kollektorzuleitung ist räumlich direkt am Fotowiderstand angebracht. Wie arbeitet die Schaltung?

3. Man sagt: „Zweistufige Schaltverstärker sind empfindlicher als Schaltungen mit einem Transistor". Was versteht man unter *Empfindlichkeit*?

4. Geben Sie weitere Beispiele für den Einsatz von Schaltverstärkern an.

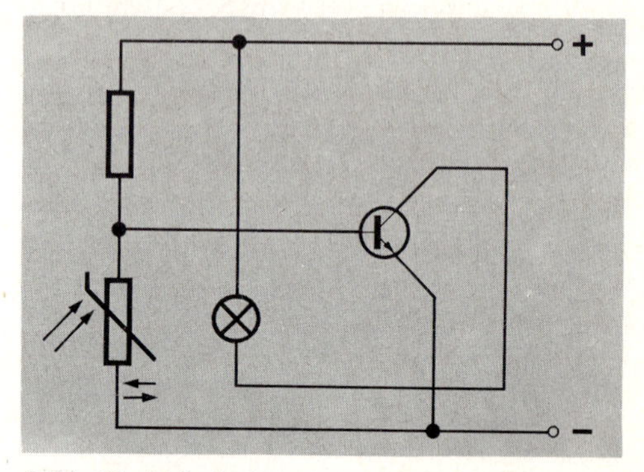

3.17 Zu Aufgabe 2

4. Logische Grundschaltungen

Wird ein Transistor als Schalter eingesetzt, so arbeitet er als **digitales** Bauelement. Mit der Kennzeichnung *digital* bringt man zum Ausdruck, daß nur zwischen zwei Zuständen, nämlich „leitend" und „nicht leitend" unterschieden wird. Der Gegensatz wäre eine **analoge** Arbeitsweise. Bei dieser wird nicht sprunghaft geändert, sondern stetig, wie es z. B. in Verstärkern der Unterhaltungselektronik üblich ist.

Digitale Schaltungen haben in der Elektronik eine besondere Bedeutung erhalten. Sie bilden die Grundlage für viele Rechenanlagen und sind in ihrer Arbeitsweise besonders leicht verständlich. Dies liegt an der vereinfachten Betrachtungsweise. Man unterscheidet nur zwischen *„Spannung vorhanden"* oder *„keine Spannung vorhanden"*. Dies entspricht am Transistor der Betrachtung *der Transistor leitet* oder *der Transistor leitet nicht.* Um sich noch kürzer ausdrücken zu können, hat man besondere Zeichen eingeführt: Für „Spannung ist vorhanden" setzt man das Zeichen „H", das Zeichen „L" benutzt man, wenn „keine Spannung vorhanden" ist[1].

Die einfachsten Schaltungen der *Digitalelektronik* sind die **Zuordnerschaltungen.** In diesem Kapitel sollen ihre Arbeitsweise beschrieben und ihre Bedeutung kurz aufgezeigt werden.

4.1 Zuordnerschaltung haben die Grundlage für die elektronische Datenverarbeitung gelegt. Hier ein Blick in ein Rechenzentrum.

4.1 Die NAND-und die UND-Schaltung

Durch die Entwicklung moderner Halbleiterbauelemente ist es möglich geworden, Computer und EDV-Anlagen zu bauen *(Bild 4.1).* Ohne sie ist die Bewältigung vieler Probleme in unserer heutigen Welt nicht mehr denkbar. Die technische Entwicklung hat schon seit längerer Zeit einen Stand erreicht, der in einer einführenden Betrachtung nicht mehr erläutert werden kann. Doch lassen sich die grundsätzlichen Überlegungen auch mit der Funktionsweise von Dioden und Transistoren erklären.

Eine besonders einfache *Zuordnerschaltung* liefert bereits der grundsätzliche Aufbau des Schaltverstärkers (*Bild 4.2 a*). Die Schaltung hat einen Eingang E und einen Ausgang A. Untersucht wird, wie sich die Spannung zwischen dem Ausgang und dem Minuspol verhält, wenn man die Spannung zwischen dem Eingang und dem Minuspol ändert. Übrigens werden grundsätzlich bei allen folgenden

[1]) „H" ist von „high" und „L" von „low" abgeleitet. In der Literatur findet man noch häufig das „L" für „Spannung vorhanden" und das Zeichen „0" für „keine Spannung vorhanden".

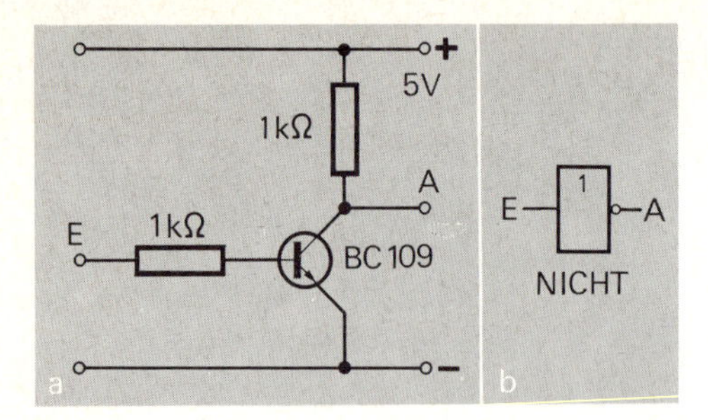

4.2 Die Schaltung eines Schaltverstärkers arbeitet in der digitalen Elektronik als NICHT-Schaltung.

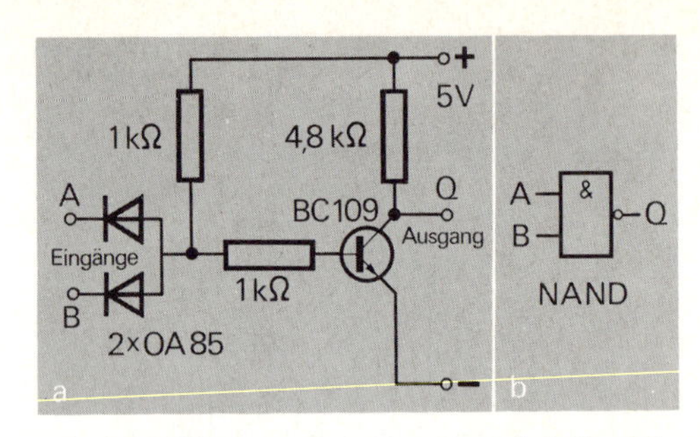

4.3 Zwei Dioden und ein Transistor sind die wichtigsten Bauelemente für einen NAND-Baustein.

Schaltungen die Spannungen gegenüber dem Minuspol gemessen. Deshalb sagt man meist kürzer: *„Am Eingang liegt eine Spannung"* oder *„am Ausgang liegt keine Spannung"*. Die Sprechweise wird noch weiter vereinfacht, wenn man die Zeichen „H" und „L" benutzt. Dann heißt es: *Am Eingang ist der Zustand H* oder *am Ausgang ist der Zustand L.*

Wie arbeitet nun die Zuordnerschaltung von *Bild 4.2 a*? Hat der Eingang den Zustand H, so liegt eine Spannung an der Basis, und der Transistor ist leitend. Dadurch wird am Ausgang keine Spannung nachweisbar, er hat den Zustand L. Wird umgekehrt der Eingang mit dem Zustand L belegt, liegt an der Basis keine Spannung. Da nun der Transistor sperrt, tritt am Ausgang eine Spannung auf. Er hat den Zustand H.

Die Arbeitsweise der Schaltung kann besonders übersichtlich durch eine Tabelle beschrieben werden. Dabei werden die beiden Möglichkeiten der Belegung unter den Eingang E geschrieben. Unter dem Ausgang A findet man den zugeordneten Zustand:

E	A
L	H
H	L

Wie die Tabelle zeigt, verhält sich der Ausgang genau „umgekehrt" wie der Eingang. Man nennt diese Schaltung daher eine **Inverterschaltung** oder **NICHT-Schaltung.** Ähnlich wie für elektronische Bauelemente hat man für die gesamte Schaltung ein besonderes Symbol eingeführt (*Bild 4.2 b*)[1].

Die NICHT-Schaltung ist eine der einfachsten Zuordnerschaltungen. Bei den meisten Schaltungen sind zwei und mehr Eingänge vorhanden, die belegt werden. Dafür gilt allgemein:

> Bei einer Zuordnerschaltung wird jeder Belegung der Eingänge genau ein Zustand des Ausgangs zugeordnet.

Die wohl bedeutendste Zuordnerschaltung ist die NAND-Schaltung[2]. Eine Möglichkeit, die NAND-Schaltung durch einzelne Bauelemente zu realisieren, ist in *Bild 4.3 a* dargestellt. Zur Vereinfachung sind nur zwei Eingänge A und B vorgesehen. Für jeden weiteren wäre eine weitere Diode erforderlich.

Es soll nun untersucht werden, wie sich die Spannung am Ausgang Q verhält, wenn die Eingänge belegt werden. Hat z. B. der Eingang A den Zustand H und der Eingang B den Zustand L, so ergibt sich am Ausgang Q der Zustand H. Da nämlich die Diode von Eingang B durch die Belegung mit dem Zustand L mit dem Minuspol verbunden ist, liegt an der Basis des Transistors keine Spannung. Deshalb ist er gesperrt, der Ausgang Q nimmt den Zu-

---

[1]) Häufig findet man noch das Zeichen —▷○— . Es entspricht nicht mehr der Norm.

[2]) NAND von „not and"

stand H an. Die Diode von Eingang A hat bei dieser Belegung keinen Einfluß auf das Verhalten der Schaltung.
Insgesamt gibt es für die beiden Eingänge vier unterschiedliche Belegungen. Wie man sich leicht überlegen kann, hat der Ausgang nur dann den Zustand L, wenn beide Eingänge mit H belegt werden. Dann liegt nämlich die Basis über den beiden ohmschen Widerständen am Pluspol der Energiequelle, und eine Verbindung zum Minuspol ist am Eingang nicht vorhanden. Der Transistor ist leitend, und der Ausgang hat den Zustand L. Die folgende Tabelle zeigt die vollständige Zuordnung:

A	B	Q
L	L	H
L	H	H
H	L	H
H	H	L

Die dritte und die vierte Zeile der Tabelle sind oben im Text ausführlich erläutert worden. Die Arbeitsweise der NAND-Schaltung läßt sich kurz angeben:

Der Ausgang einer NAND-Schaltung nimmt genau dann den Zustand L an, wenn alle Eingänge den Zustand H haben.

Ähnlich wie für die NICHT-Schaltung wird auch für die NAND-Schaltung ein Schaltsymbol benutzt. Es ist in *Bild 4.3 b* dargestellt[1].
Zuordnerschaltungen können eingesetzt werden, wenn logische Probleme zu lösen sind. Das soll an einem Beispiel aufgezeigt werden. Es wird eine Schaltung gesucht, die folgendes Problem löst: *In einem Auto soll während der Fahrt die Zündkontrollampe genau dann aufleuchten, wenn die Lichtmaschine oder die Batterie defekt sind.* Die Kontrollampe soll also nur dann dunkel sein, wenn beide Geräte in Ordnung sind. Wird von einem Meßfühler an der Batterie der Zustand H geliefert, wenn sie in Ordnung ist, und der Zustand L, wenn sie defekt ist, und entsprechend von einem Meßfühler an der Lichtmaschine, so kann mit einer nachgeschalteten NAND-Schaltung dies technische Kontrollproblem gelöst werden. Der Ausgang der NAND-Schaltung wird die Kontrollampe ansteuern, die beim Zustand H aufleuchtet. Dieser Zustand stellt sich nach der Zuordnungstabelle für die NAND-Schaltung immer dann ein, wenn bereits ein Meßfühler den Zustand L meldet.
Neben der NAND-Schaltung wird häufig die **UND-Schaltung** benutzt. Einen vollständigen Schaltplan aus einzelnen Bauelementen zeigt *Bild 4.4 a.* Man erkennt, daß die Schaltung aus einer NAND-Schaltung und einer nachgeschalteten NICHT-Schaltung besteht. Dies ist in *Bild 4.4 b* durch die Schaltsymbole dargestellt. Um nun die Zuordnungstabelle zu finden, ist es viel leichter, mit den bekannten Tabellen der NAND- und der NICHT-Schaltung zu arbeiten, als die Arbeitsweise der einzelnen Schaltelemente im Schaltplan zu unter-

4.4 (a) Ausführliches Schaltbild eines UND-Bausteins mit zwei Eingängen (b) Ein UND-Baustein läßt sich aus einem NAND- und einem NICHT-Baustein aufbauen. (c) Schaltsymbol für einen UND-Baustein

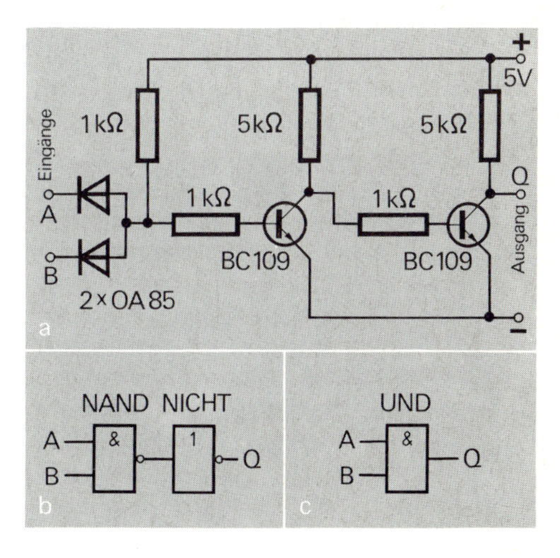

[1]) Man findet auch das nicht mehr normgerechte Zeichen =D○— .

suchen. Da die NICHT-Schaltung die Zustände H und L „umkehrt“, verhält sich der Ausgang der UND-Schaltung gerade umgekehrt wie der der NAND-Schaltung:

A	B	NAND	UND
L	L	H	L
L	H	H	L
H	L	H	L
H	H	L	H

Bild 4.4 c zeigt das Schaltsymbol für die UND-Schaltung[1]. Es unterscheidet sich vom Symbol der NAND-Schaltung durch den fehlenden Punkt (○) am Ausgang.

Der Ausgang einer UND-Schaltung hat nur dann den Zustand H, wenn beide Eingänge den Zustand H haben. In allen anderen Fällen hat der Ausgang den Zustand L.

Aufgaben

1. *Bild 4.5* zeigt eine andere Möglichkeit für eine NAND-Schaltung. Erläutern Sie ausführlich die Arbeitsweise der Schaltung.

[1]) Man findet auch das nicht mehr normgerechte Zeichen =D– .

4.5 Zu Aufgabe 1

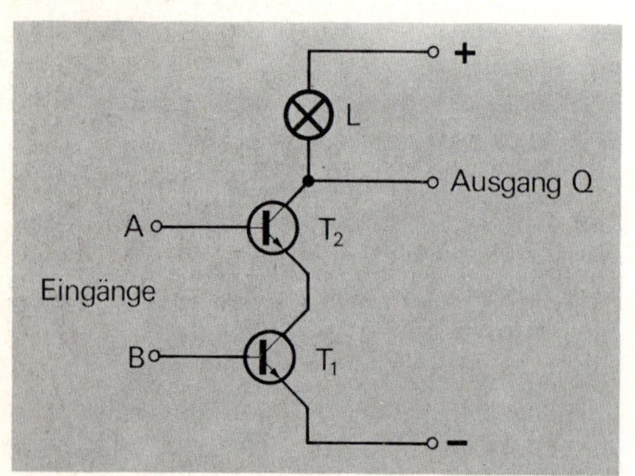

2. Man kann eine einfache UND-Schaltung mit einer Energiequelle, einer Glühlampe und zwei Schaltern aufbauen. Wie sieht der Schaltplan aus?

3. Wie arbeitet eine Schaltung, bei der hinter eine UND-Schaltung eine NICHT-Schaltung gesetzt wird?

4. Beschreiben Sie ein logisches Problem, das von einer UND-Schaltung gelöst werden kann.

4.2 Die NOR- und die ODER-Schaltung

Haben Sie sich schon gefragt, wie viele verschiedene Zuordnungsschaltungen mit zwei Eingängen insgesamt möglich sind? Diese Frage soll jetzt nicht geklärt werden, doch sollen zwei weitere wichtige Schaltungen in diesem Abschnitt noch untersucht werden. Es sind die **NOR**[1]) und die **ODER-Schaltung**. Zwischen ihnen besteht ein Zusammenhang, ähnlich wie zwischen NAND- und UND-Schaltung.

Einen Schaltplan für eine NOR-Schaltung aus einzelnen Bauelementen zeigt *Bild 4.6 a.* Im wesentlichen besteht die Schaltung wieder aus einem Schaltverstärker und zwei Dioden an den Eingängen A und B. Das Verhalten der Spannung am Ausgang Q wird durch die Belegung der Eingänge bestimmt. Eingang A sei mit H belegt, Eingang B mit L. Dann ist die Diode von Eingang A in Durchlaßrichtung geschaltet. Deshalb liegt an der Basis des Transistors eine Spannung; er wird leitend. Der Ausgang Q hat den Zustand L. Die Diode des Eingangs B beeinflußt bei dieser Belegung die Arbeitsweise der Schaltung nicht, weil sie in Sperrichtung geschaltet ist.
Die Überlegung ist ganz ähnlich für den Fall, daß Eingang A mit L und Eingang B mit H belegt werden. Am Ausgang Q ergibt sich wieder der Zustand L. Dieser Zustand stellt sich auch ein, wenn beide Eingänge die Belegung H erhalten, weil nun „erst recht“ die Basis über den Spannungsteiler angesteuert wird. Nur wenn

[1]) NOR von „not or“

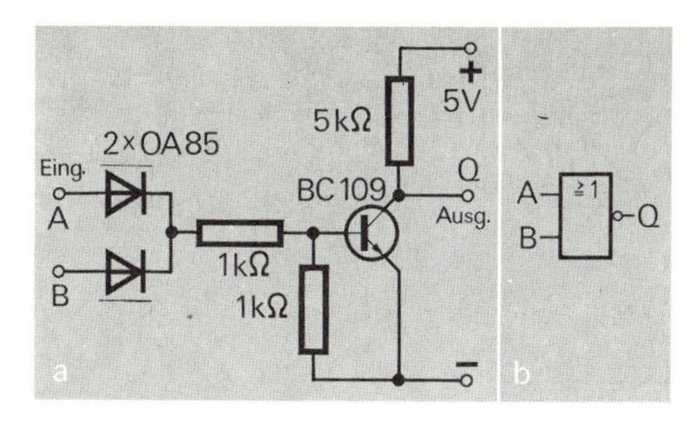

4.6 (a) Eine NOR-Schaltung, aufgebaut mit einzelnen Bauelementen (b) Schaltsymbol für die NOR-Schaltung

an beiden Eingängen der Zustand L vorliegt, hat der Ausgang den Zustand H, weil die Basis nun keine Verbindung zum Pluspol der Energiequelle hat und fest über den 1 k Ω-Widerstand mit dem Minuspol verbunden ist. Für diese NOR-Schaltung wird das Symbol nach *Bild 4.6 b* benutzt[1]. Nach den ausführlichen Überlegungen ergibt sich die folgende Zustandstabelle der NOR-Schaltung:

A	B	Q
L	L	H
L	H	L
H	L	L
H	H	L

Bei einer NOR-Schaltung hat der Ausgang nur dann den Zustand H, wenn alle Eingänge den Zustand L annehmen. Sonst hat der Ausgang den Zustand L.

So wie aus der NAND-Schaltung durch eine nachgeschaltete NICHT-Schaltung die UND-Schaltung entsteht, wird auch die ODER-Schaltung aus der NOR-Schaltung entwickelt. Im *Bild 4.7 a* ist im linken Teil die NOR-Schaltung zu erkennen, an die eine zweite Transistorstufe geschaltet ist. Dieser

[1]) Man findet auch das nicht mehr normgerechte Zeichen ⊐D– .

4.7 Die ODER-Schaltung kann aus einer NOR-Schaltung und einer NICHT-Schaltung entwickelt werden. (a) Schaltung aus einzelnen Bauelementen (b) Schaltung aus NOR- und NICHT-Schaltung (c) Schaltsymbol für die ODER-Schaltung

zweite Transistor arbeitet als NICHT-Schaltung.

Man findet die Zuordnungstabelle der ODER-Schaltung besonders schnell, wenn man die schematische Darstellung nach *Bild 4.7 b* für den Aufbau dieser Schaltung berücksichtigt. Die NICHT-Schaltung bewirkt gegenüber der NOR-Schaltung eine „Umkehr" der Zustände, so daß sich für die ODER-Schaltung die folgende Tabelle ergibt:

A	B	NOR	ODER
L	L	H	L
L	H	L	H
H	L	L	H
H	H	L	H

Für die ODER-Schaltung wird ebenfalls ein besonderes Schaltsymbol benutzt (*Bild 4.7c*)[1]. Es unterscheidet sich vom Symbol der NOR-

[1]) Man findet auch das nicht mehr normgerechte Zeichen ⊐D– .

Schaltung durch den fehlenden Punkt (o) am Ausgang.

Bei einer ODER-Schaltung hat der Ausgang nur dann den Zustand L, wenn alle Eingänge den Zustand L haben. Sonst nimmt der Ausgang den Zustand H an.

Sowohl die NOR-Schaltung als auch die ODER-Schaltung können zum Lösen logischer oder technischer Probleme eingesetzt werden. Zum Einsatz einer ODER-Schaltung sei die folgende einfache Aufgabe gestellt: *Die Wohnungsklingel einer Etagenwohnung soll dann ertönen, wenn am Hauseingang oder auf dem Etagenflur der Klingelknopf betätigt wird.* Vereinbart man nun das Zeichen H für „Klingelknopf gedrückt" bzw. „Klingel ertönt" und setzt sonst das Zeichen L, so entsteht eine Tabelle, die genau der Tabelle der ODER-Schaltung entspricht. Die letzte Zeile der Tabelle ist dabei sicher ein seltener Zufall, denn dann wird am Etagenflur und am Hauseingang gleichzeitig auf den Klingelknopf gedrückt.

Besonders interessant und für die Technik wichtig ist die Erscheinung, daß mit NAND-Bausteinen alle anderen Zuordnungsschaltungen erzeugt werden können. Schaltet man z. B. die beiden Eingänge eines NAND-Bausteins zusammen, so entsteht ein NICHT-Baustein. Dies ist leicht einzusehen, wenn man die Tabelle für die NAND-Zuordnung betrachtet (vgl. *Abschnitt 4.1*): Durch die Zusammenschaltung entsteht nur noch ein Eingang, und in der Tabelle sind Belegungen für die zweite und dritte Zeile nicht mehr möglich. So bleibt die Zuordnungstabelle der NICHT-Schaltung übrig.

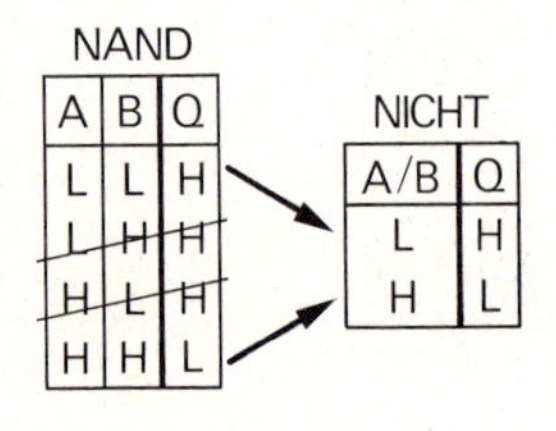

Die Darstellung eines ODER-Bausteins mit drei NAND-Bausteinen ist in *Bild 4.8* zu erkennen. Die beiden linken Bausteine sind als NICHT-Bausteine geschaltet, deren Ausgänge an einen NAND-Baustein führen. Die Arbeitsweise der Schaltung wird in der folgenden Tabelle entwickelt.

A	B	NICHT A	NICHT B	(NICHT A) NAND (NICHT B)
L	L	H	H	L
L	H	H	L	H
H	L	L	H	H
H	H	L	L	H

Um die Tabelle zu verstehen, benötigt man die Eigenschaften der NAND-Schaltung: Bei der NAND-Schaltung hat der Ausgang genau dann den Zustand L, wenn beide Eingänge den Zustand H annehmen (1. Zeile der Tabelle). Ein Vergleich zeigt, daß die letzte Spalte der Tabelle dem Ausgangsverhalten einer ODER-Schaltung entspricht. Allgemein gilt:

Alle Zuordnungsschaltungen können allein mit NAND-Bausteinen erstellt werden.

Modernste Technologien haben es ermöglicht, auf sehr kleinem Raum eine Vielzahl von Schaltungen unterzubringen. Eine **integrierte Schaltung**, kurz **IC** genannt, kann in einem Gehäuse viele NAND-Schaltungen enthalten

4.8 Mit drei NAND-Bausteinen kann der ODER-Baustein aufgebaut werden. Wie könnte man die NOR-Schaltung aus NAND-Bausteinen herstellen?

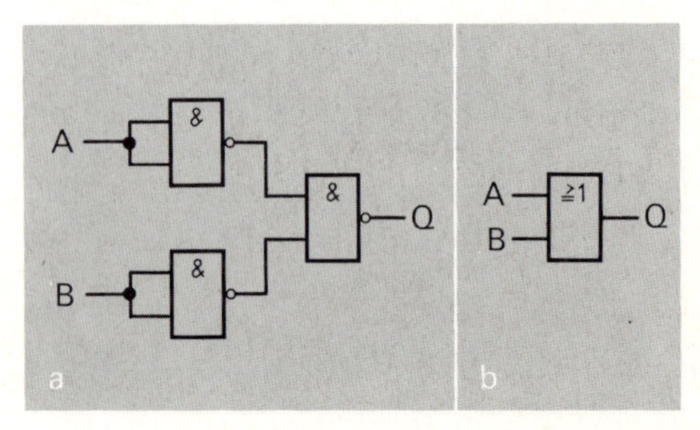

(*Bild 4.9*). Durch diese „Miniaturisierung“ ist es gelungen, leistungsfähige elektronische Geräte in handlicher Größe herzustellen.

Aufgaben

1. Der Ausgang einer Zuordner-Schaltung nimmt auch dann einen bestimmten Zustand an, wenn die Eingänge unbelegt sind. Welchen Zustand haben dann a) die UND-Schaltung b) die ODER-Schaltung? Begründen Sie Ihre Überlegung.

2. *Bild 4.10* zeigt zwei Schaltpläne. a) Was beobachtet man an der Lampe L, wenn alle möglichen Stellungen der Schalter S_1 und S_2 durchgeführt werden? Mit welcher Zuordner-Schaltung läßt sich diese Schaltung vergleichen? b) Was beobachtet man an den Lampen L_1 und L_2 bei geschlossenem und geöffnetem Schalter S?

3. Beschreiben Sie ein Problem, das mit einer NOR-Schaltung gelöst werden kann.

4. Eine Zuordnerschaltung mit NAND-Bausteinen soll entwickelt werden; ihre Arbeitsweise kann man sich durch die folgende Tabelle klarmachen:

A	B	Q
L	L	H
L	H	L
H	L	H
H	H	H

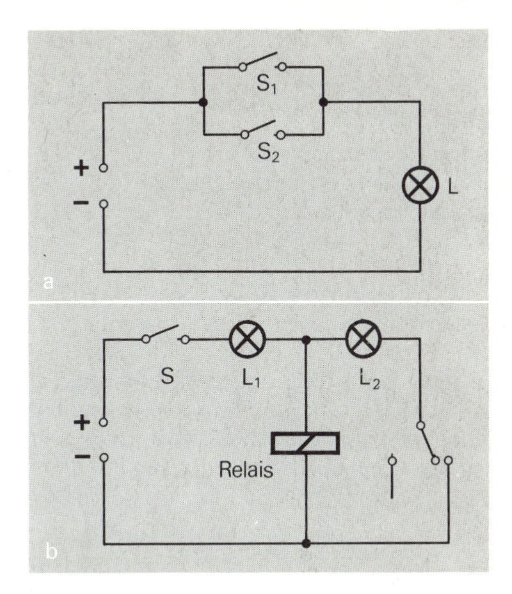

4.10 Zu Aufgabe 2

4.3 Eine einfache Addierschaltung

Schon seit vielen Jahrhunderten hat man versucht, Maschinen zu konstruieren, die das schriftliche Rechnen übernehmen können. Bereits im Jahr 1642 baute der damals neunzehnjährige Pascal (*Bild 4.11*) eine Maschine, mit der er addieren und subtrahieren konnte. Diese Rechenmaschine arbeitete rein mecha-

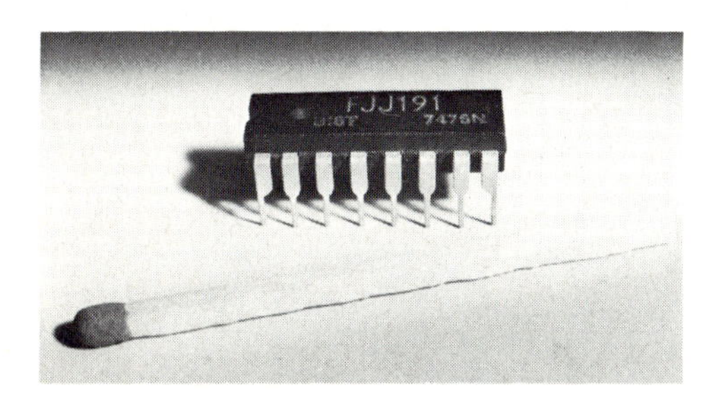

4.9 Integrierte Schaltkreise, die kleiner als ein Streichholz sind, können viele Zuordnerschaltungen beinhalten.

4.11 Blaise Pascal konstruierte 1642 seine erste Rechenmaschine. Zu seiner Ehre wurde von der französischen Post ein Sonderumschlag herausgebracht.

nisch, elektronische Bauelemente waren ja damals noch unbekannt.
Mit Hilfe der untersuchten Zuordner-Schaltungen können Rechnungen elektronisch durchgeführt werden. Das soll nun am Beispiel der Addition dargestellt werden. Darauf lassen sich die anderen Rechenarten aufbauen.

Zunächst eine Vorbemerkung: Jedes elektronische Rechenwerk verarbeitet nur Zahlen, die im **Dualsystem** angegeben sind. Auch die Ergebnisse der Rechnung erscheinen zunächst in der dualen Darstellung und werden erst durch weitere elektronische Schaltungen in der uns besser vertrauten Dezimalschreibweise angezeigt. Kennen Sie noch die Darstellung von Zahlen im *Zweiersystem*? Die Zahl wird als Summe von Zweierpotenzen geschrieben. So gibt man z. B. die Zahl 9 im Dualsystem mit I00I an. Dies bedeutet ausführlich:

$$1 \cdot 2^3 + 0 \cdot 2^2 + 0 \cdot 2^1 + 1 \cdot 2^0.$$

Bei der Darstellung von Dualzahlen in Rechenschaltungen werden den Spannungszuständen L und H die Dualziffern 0 und I zugeordnet. Die Zahl 9, im Dualsystem mit I00I geschrieben, erscheint bei dieser Zuordnung in der Form HLLH.
Beschränkt man sich zunächst auf das einfache Problem, nämlich zwei einstellige Dualzahlen A und B zu addieren, so ergeben sich vier verschiedene Möglichkeiten. In der folgenden Tabelle sind die Dualzahlen A und B, sowie die Summenziffer S und der Übertrag Ü für die nächste Stelle angegeben:

A	B	A	B	Ü	S	Ü	S
0	0	L	L	L	L	0	0
0	I	L	H	L	H	0	I
I	0	H	L	L	H	0	I
I	I	H	H	H	L	I	0
Dual-zahlen		Spannungs-werte				Dual-zahl	

In der Tabelle sind Dualziffern und Spannungswerte eingetragen. In den folgenden Betrachtungen werden nur noch die Spannungswerte notiert. Sie können die Zuordnung zu den Dualziffern jeweils selbst herstellen.
Man erkennt aus der Tabelle: Die Zuordnung für die Übertragsziffer Ü stimmt mit der Zuordnung bei einer UND-Schaltung überein. Deshalb erhält man den Übertrag, wenn A und B mit einem NAND-Baustein und einem nachgeschalteten NICHT-Baustein verknüpft werden (*Bild 4.12 a*).
Für die Summenziffer S kann man der Tabelle die folgende Bedingung entnehmen: Die Summenziffer S ist genau dann H, wenn A *oder* B aber nicht beide gleichzeitig H sind, d. h. wenn (A *oder* B) *und nicht* (A *und* B) den Wert H annehmen. Um diese Bedingung auf eine Schaltung zu übertragen, benötigt man einen ODER-Baustein, einen NAND-Baustein und einen UND-Baustein. Diese Bausteine sind im *Bild 4.12.a* zur Erzeugung der Summenziffer zusammengeschaltet.
Die Arbeitsweise zur Erzeugung der Summenziffer läßt sich übersichtlich aus einer Tabelle entnehmen. Zunächst wird über eine ODER-Schaltung und eine NAND-Schaltung verknüpft. Deren Ergebnis führt über eine UND-Schaltung zum Endergebnis:

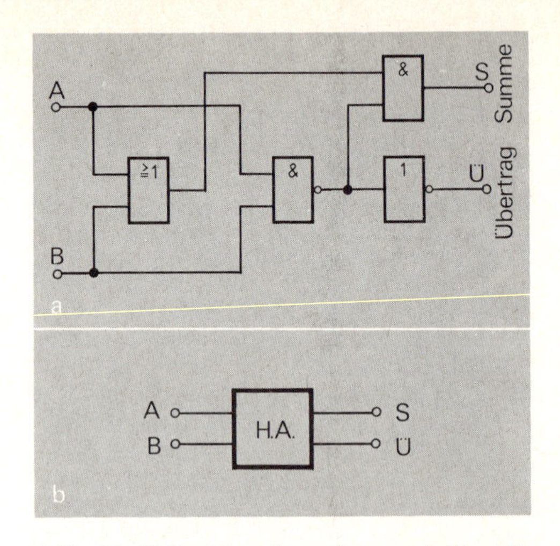

4.12 Ein Halbaddierer kann die ersten beiden Ziffern einer Dualzahl addieren. Am Ausgang treten die Summe und der Übertrag für die nächste Stelle auf.

A	B	A ODER B	A NAND B	(A ODER B) UND (A NAND B)
L	L	L	H	L
L	H	H	H	H
H	L	H	H	H
H	H	H	L	L

Bei der Addition mehrstelliger Dualzahlen treten Probleme dadurch auf, daß von der vorangegangenen Stelle ein Übertrag berücksichtigt werden muß. Die bisher entwickelte Schaltung mit zwei Eingängen kann nur dann addieren, wenn kein Übertrag zu berücksichtigen ist. Man nennt die Schaltung einen **Halbaddierer**, das (noch nicht genormte) Schaltzeichen zeigt *Bild 4.12 b.* Da bei der Addition der ersten Stelle zweier Dualzahlen noch kein Übertrag erscheinen kann, ist der Halbaddierer für diese erste Stelle geeignet.

Mit einem Halbaddierer kann die erste Stelle zweier Dualzahlen addiert werden.

Zur Addition an den weiteren Stellen der Dualzahlen reicht die untersuchte Schaltung noch nicht aus. Denn in der Regel wird bei der Addition ein Übertrag aus der vorangegangenen Stelle zu beachten sein. Dann hat man insgesamt das Problem, drei einstellige Dualzahlen zu addieren.

4.13 Aus zwei Halbaddierern und einem ODER-Baustein entsteht ein Volladdierer.

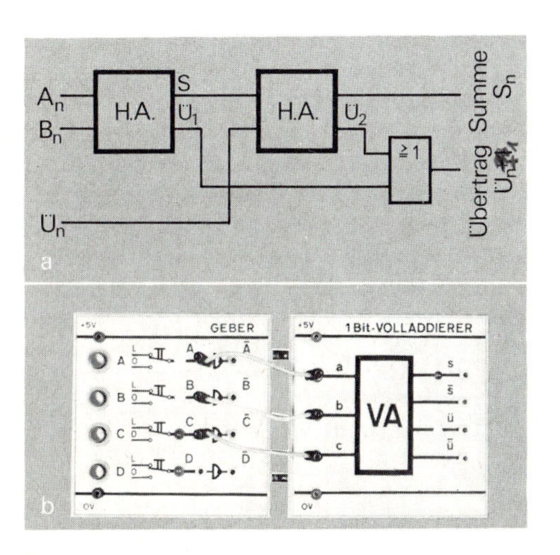

Eine Schaltung, die auch die Addition eines Übertrags ermöglicht, wird **Volladdierer** genannt. Der Volladdierer muß drei Eingänge haben, zwei Eingänge A_n und B_n für die Dualziffern der n-ten Stelle und einen Eingang $Ü_n$ für den Übertrag aus der vorangegangenen $(n-1)$-ten Stelle. Ausgänge sind für die Summe S_n und den Übertrag $Ü_{n+1}$ der nächsten Stelle erforderlich. Die Tabelle für einen Volladdierer muß alle Möglichkeiten der Belegung der Eingänge berücksichtigen, insgesamt acht:

$Ü_n$	A_n	B_n	$Ü_{n+1}$	S_n
L	L	L	L	L
L	L	H	L	H
L	H	L	L	H
L	H	H	H	L
H	L	L	L	H
H	L	H	H	L
H	H	L	H	L
H	H	H	H	H

Die ersten vier Zeilen der Tabelle entsprechen der Zuordnungstabelle für einen Halbaddierer, da der Übertrag $Ü_n$ noch L ist. Die letzten vier Zeilen sind wesentlich durch den Übertrag $Ü_n$ beeinflußt. Hier reicht der Halbaddierer nicht mehr aus.
Die Entwicklung der Schaltung aus der Zuordnungstabelle ist für diesen Fall recht mühsam. Ein übersichtlicher Aufbau der Schaltung ergibt sich, wenn man Halbaddierer als Bausteine benutzt (*Bild 4.13a*).
Dem Aufbau aus zwei Halbaddierern liegt die Überlegung zugrunde, daß die Addition von drei einstelligen Dualzahlen A_n, B_n und $Ü_n$ durch zweimalige Addition von zwei einstelligen Dualzahlen erfolgen kann. Zunächst addiert man die Dualzahlen A_n und B_n mit dem ersten Halbaddierer. Zu dem Ergebnis wird der Übertrag $Ü_n$ in einem zweiten Halbaddierer hinzuaddiert: Das Endergebnis S_n erhält man in der *n*-ten Stelle. Ein Übertrag in die $(n+1)$-te Stelle tritt nur dann auf, wenn sich

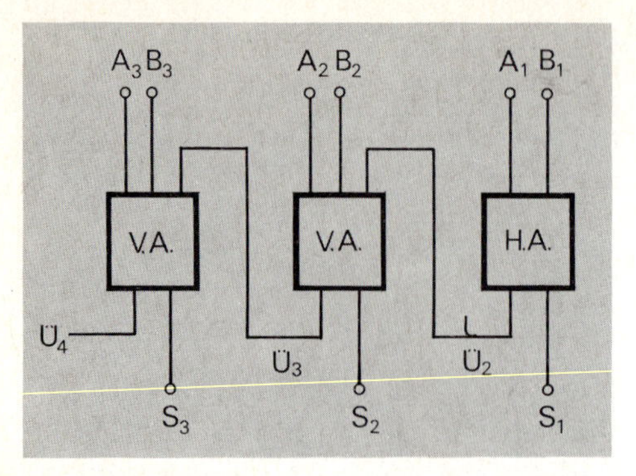

4.14 Für jede Stelle der Addition wird ein Volladdierer benötigt. Nur für die erste Stelle reicht ein Halbaddierer.

bei der ersten *oder* der zweiten Addition ein Übertrag ergeben hat ($Ü_1$ *oder* $Ü_2$). Deshalb kann mit einem ODER-Baustein der Übertrag $Ü_{n+1}$ ermittelt werden. *Bild 4.13 b* zeigt ein Foto mit Lehrbausteinen, die die Arbeitsweise eines Volladdierers veranschaulichen.

4.15 Dieser integrierte Schaltkreis ist ein wesentlicher Teil einer Rechenanlage. Er ist nur 15 mm^2 groß. Das Kind mit seiner „Rechenmaschine" ist natürlich eine Fotomontage.

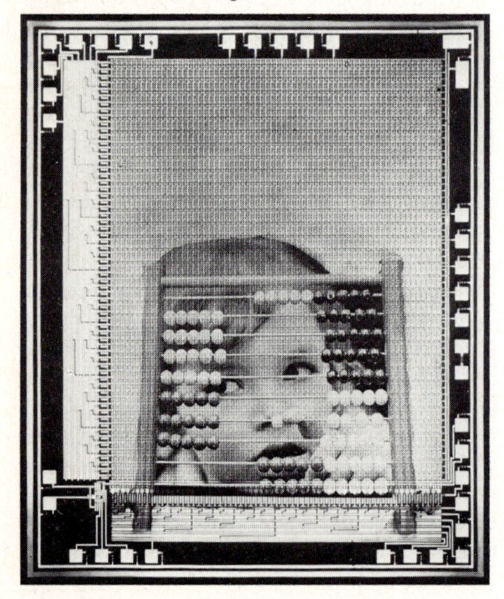

Mit einem Volladdierer können Dualzahlen so addiert werden, daß ein Übertrag berücksichtigt wird.

Sollen zwei Dualzahlen addiert werden, so benötigt man für jede Stelle einen Volladdierer. Nur bei der ersten Stelle kann mit einem Halbaddierer gearbeitet werden (*Bild 4.14*). Zur Addition von natürlichen Zahlen zwischen 1 und 100 werden insgesamt 6 Volladdierer und 1 Halbaddierer gebraucht (100 = 1100100). Die Schaltung aus mehreren Addierern wird Paralleladdierwerk genannt. Alle Ziffern der Zahlen werden „parallel" addiert.

Baugruppen für elektronische Rechenanlagen können auf sehr kleinem Raum hergestellt werden. *Bild 4.15* zeigt einen integrierten Schaltkreis für eine Rechenanlage. Er hat nur eine Fläche von 15 mm^2, kaum größer als etwa der Nagel eines Zeigefingers.

Aufgaben

1. Schreiben Sie die Zahlen 37 und 95 in die duale Schreibweise um und addieren Sie sie im Dualsystem. Wie lautet das Ergebnis dual und dezimal geschrieben? Wie viele Volladdierer benötigt man?

2. *Bild 4.16* zeigt die sogenannte „Antivalenz-Schaltung". Geben Sie durch eine Zuordnungstabelle das Verhalten des Ausgangs Q in Abhängigkeit von der Belegung der Eingänge A und B an.

3. Ein Volladdierer kann ausschließlich mit den Zuordnungsschaltungen NAND, UND, NOR, ODER und NICHT dargestellt werden. Entwickeln Sie einen solchen Schaltplan.

4.16 Zu Aufgabe 2

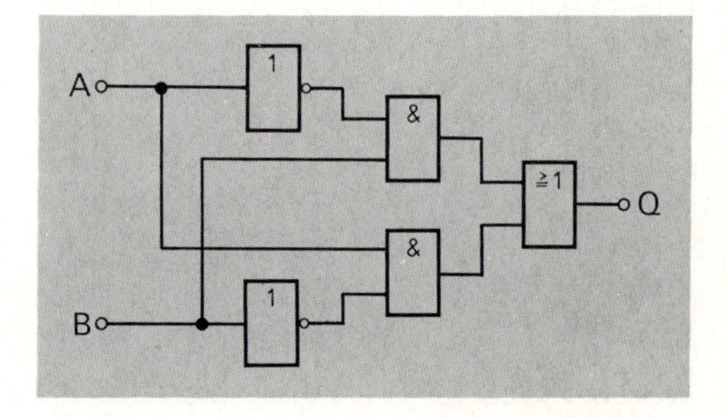

5. Kippschaltungen

Sie sollten nicht glauben, daß die untenstehende Illustration aus Versehen in dieses Buch geraten sei. Die einfache Wippe vom Kinderspielplatz kann die Arbeitsweise der elektronischen **Kippschaltungen**[1] veranschaulichen. Die beiden Kinder halten die Wippe ständig in Bewegung, oben – unten – oben usw. Sie hat keine stabile Lage, sondern arbeitet „astabil". Hilft der Vater (siehe *Bild*) jedoch dem kleineren Kind, damit es auch einmal nach unten kommt, so liegt ein *monostabiler* Betrieb vor. Ohne fremde Hilfe hat die Wippe nur eine stabile Lage. Sie ist erreicht, wenn das große Kind unten ist. Sie können sicher selbst herausfinden, wann man die Wippe als *bistabil* bezeichnen würde.

[1]) In der Literatur findet man dafür häufig die Bezeichnung *Multivibrator.*

Elektronische Kippschaltungen bilden eine „Familie". Zum Verständnis ihrer Arbeitsweise sind sehr ähnliche Überlegungen notwendig. Durch geringe Veränderungen in der Schaltung arbeiten sie entweder bistabil, monostabil oder astabil. Es gibt eine Vielzahl von Anwendungen. Kippschaltungen werden z. B. zur Erzeugung von elektrischen Impulsen, deren Verarbeitung und schließlich auch zum elektronischen Zählen benutzt.

5.1 Die bistabile Kippstufe

Neben Zuordnerschaltungen werden in der Digitalelektronik **Speicherbausteine** benötigt. In einem elektronischen Rechner sollen sie z. B. die eingegebenen Zahlen speichern und für den weiteren Rechengang bereithalten.
Eine ganz einfache Schaltung zur Speicherung einer Information ist in *Bild 5.1* dargestellt. Ein Relais ist über eine Glühlampe mit einer Energiequelle verbunden. Die Verbindung erfolgt dabei über den Schaltarm und den Arbeitskontakt des Relais. Parallel dazu liegt eine Taste T. Wird die Energiequelle eingeschaltet, so leuchtet die Glühlampe nicht. Denn der Stromkreis ist sowohl am Schaltarm des Relais, der am Ruhekontakt liegt, als auch an der Taste unterbrochen. Wird nun die Taste gedrückt, fließt ein Strom durch die Relaisspule, und die Glühlampe leuchtet auf. Gleichzeitig wird aber durch die magnetische Wirkung der Spule der Schaltarm angezogen, so daß über den Arbeitskontakt der Stromkreis auch an dieser Stelle geschlossen wird. Gibt man nun die Taste wieder frei, so leuchtet die Lampe trotzdem weiterhin auf. Die Information

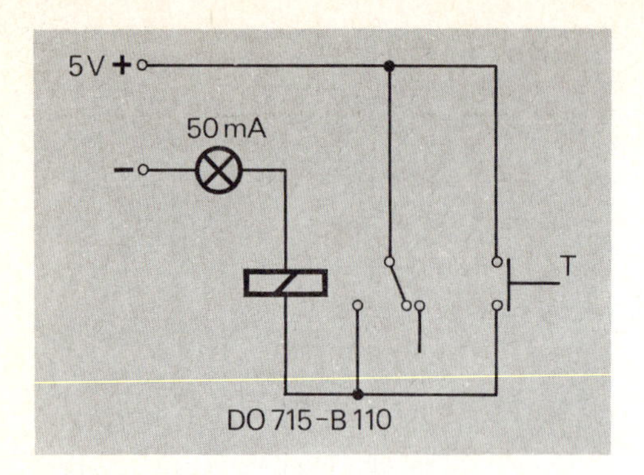

5.1 Die Glühlampe leuchtet weiterhin auf, auch wenn nach dem Tastendruck der Stromkreis an der Stelle unterbrochen wird.

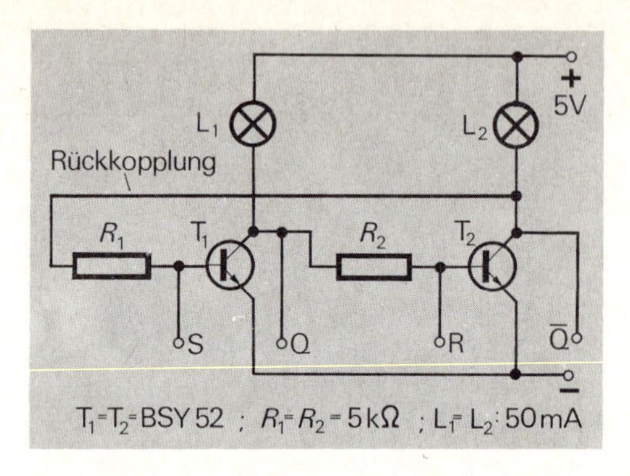

5.2 Wird ein zweistufiger Schaltverstärker zurückgekoppelt, so entsteht eine bistabile Kippstufe.

„Taste wurde gedrückt" bleibt so lange in der Schaltung gespeichert, bis die Energiequelle abgeschaltet wird. Eine solche Schaltung ist z. B. besonders gut für Alarmanlagen geeignet, das einmalige Auslösen der Taste bewirkt Daueralarm.

Für die Elektronik sind besonders solche Schaltungen wichtig, die zwei stabile Zustände annehmen können. Man nennt sie **bistabile Kippstufen** oder kurz **Flipflop**[1]. Die Schaltung eines Flipflops besteht hauptsächlich aus einem zweistufigen Schaltverstärker. Die wesentliche Veränderung besteht in einer Rückkopplungsleitung vom Ausgang zum Eingang des Verstärkers.

Die Arbeitsweise eines Flipflops soll am Schaltplan von Bild 5.2 erklärt werden. Nach dem Einschalten der Energiequelle beobachtet man, daß eine der beiden Lampen leuchtet und die andere Lampe dunkel ist. Welche Lampe aufleuchtet, hängt vom Zufall ab, hier sei angenommen, daß L_1 leuchtet und L_2 dunkel ist. Diesen Zustand der Schaltung kann man ändern, wenn der Anschluß S mit dem Minuspol verbunden wird. Dann sperrt nämlich der Transistor T_1, und die Lampe L_1 verlischt. Dadurch liegt der Ausgang Q vom Transistor T_1 am Pluspol, so daß auch die Basis vom Transistor T_2 über den Widerstand mit dem Pluspol verbunden ist. Dieser Transistor wird deshalb leitend, und die Lampe L_2 leuchtet auf. Auch diese Lage ist stabil, denn wenn man die Verbindung vom Anschluß S mit dem Minuspol löst, bleibt die Schaltung in diesem Zustand. Dafür sorgt die Rückkopplung: Der Ausgang $\overline{Q}$ ist praktisch mit dem Minuspol verbunden und damit auch die Basis von Transistor T_1.

Den ursprünglichen Zustand der Schaltung kann man nur dadurch wieder herstellen, daß man den Anschluß R mit dem Minuspol kurz berührt. Denn dann ... (*Die Begründung finden Sie sicher selbst heraus*!)

Ein Flipflop hat zwei stabile Zustände. Eine Änderung des Zustands kann durch eine Berührung eines Basisanschluß mit dem Minuspol erfolgen

Die Spannungszustände an den beiden Ausgängen Q und $\overline{Q}$ lassen sich auch gut mit den Zeichen L und H beschreiben. Hat Q den Zustand L, so ist bei $\overline{Q}$ der Zustand H, und umgekehrt: liegt bei Q der Zustand H vor, so nimmt $\overline{Q}$ den Zustand L an. Allgemein wird der Querstrich ($\overline{\ }$) benutzt, wenn zwei Schaltpunkte das umgekehrte Verhalten zeigen.

Die Anschlüsse S und R sind die Eingänge des

[1]) Auch die Bezeichnung *bistabiler Multivibrator* ist üblich.

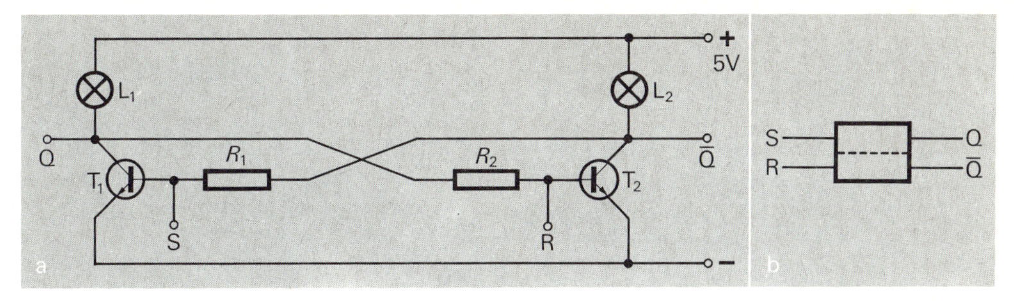

5.3 (a) Bei einer Flipflopschaltung sind die beiden Transistorstufen symmetrisch aufgebaut. (b) Das Schaltsymbol für ein Flipflop.

Flipflops. Man nennt S den **Setzeingang** und R den **Rücksetzeingang** und sagt auch *„das Flipflop ist gesetzt“*, wenn der Ausgang Q den Zustand H hat. Entsprechend wird das Flipflop zurückgesetzt, wenn der Rücksetzeingang mit dem Minuspol berührt wird. Dann hat der Ausgang Q den Zustand L.

> Ein Flipflop ist gesetzt, wenn der Ausgang Q den Zustand H hat. Es ist nicht gesetzt oder zurückgesetzt, wenn bei Q der Zustand L ist.

Die beiden Transistoren eines Flipflops sind ganz symmetrisch beschaltet. Dies erkennt man leichter, wenn die Schaltung so umgezeichnet wird, wie es *Bild 5.3 a* zeigt. Durch einen Vergleich mit dem Schaltplan von *Bild 5.2* können Sie sich überzeugen, daß die gleiche Schaltung vorliegt. *Bild 5.3 b* zeigt das Schaltsymbol für dieses Flipflop[1].

Eine bistabile Kippstufe kann auch mit zwei Zuordnerschaltungen erstellt werden. *Bild 5.4* zeigt eine Schaltung, die als *kreuzgekoppelte NAND-Schaltung* bezeichnet wird. Im *Teilbild a* hat der Setzeingang den Zustand H und der Rücksetzeingang den Zustand L. Aufgrund der Zuordnungstabelle für die NAND-Schaltung (vgl. *4.1*) liegt dann beim Ausgang Q der Zustand L, und der Ausgang $\overline{Q}$ hat den Zustand H. Die überkreuzte Rückführung von den Ausgängen zu den Eingängen bewirkt, daß die Schaltung ihren Zustand nicht ändert, auch wenn die Eingänge S und R nicht belegt werden. Die Zuordnungstabelle für die NAND-Schaltung zeigt, daß erst dann ein Wechsel erfolgt, wenn die Belegung an den Eingängen geändert wird. Werden übrigens beide Eingänge mit dem gleichen Zustand belegt, so „weiß die Schaltung nicht“, was sie machen soll. Man sollte dies vermeiden.

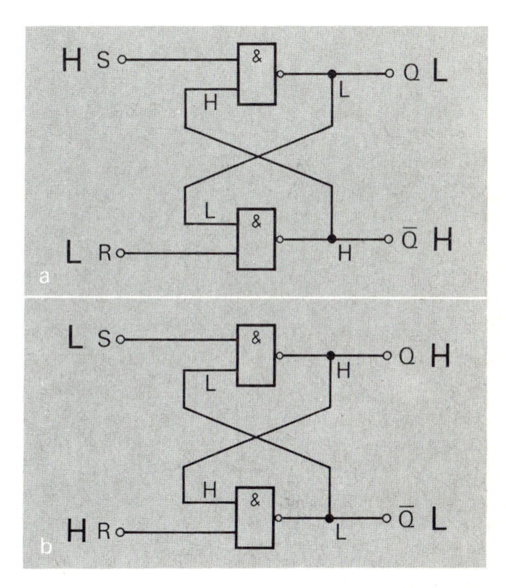

5.4 Mit zwei kreuzgekoppelten NAND-Bausteinen kann ein Flipflop aufgebaut werden.

[1]) Man findet für dieses Flipflop auch das Zeichen

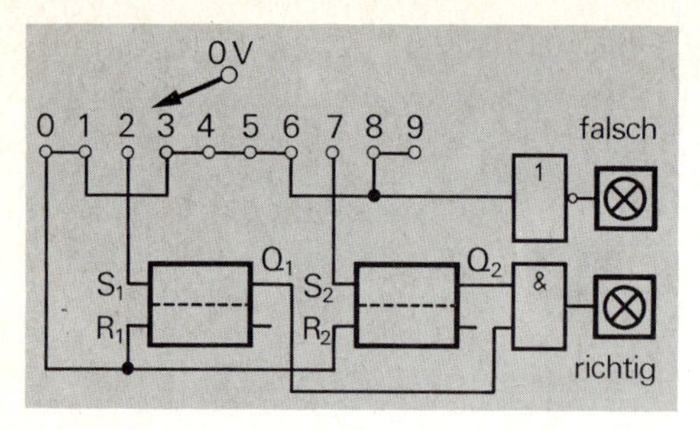

5.5 Bei diesem elektronischen Schloß „öffnet" die Tür nur bei zwei Lösungszahlen.

Von den vielen möglichen Anwendungen der bistabilen Kippstufe sei wenigstens eine angeführt. Die Schaltung nach *Bild 5.5* simuliert ein *elektronisches Schloß*. Bei „geöffnet" leuchtet die Glühlampe *„richtig"* auf, bei „falschem Schlüssel" leuchtet die Glühlampe *„falsch"*. Die Bedienung für das Schloß erfolgt über ein *Codierfeld* mit den Ziffern 0–9. Als Codewort zum Öffnen wird eine zweiziffrige Zahl vereinbart, z. B. 27. Um das Schloß zu öffnen, müssen die beiden Anschlußstellen mit den Ziffern 2 und 7 mit dem Minuspol der Energiequelle verbunden werden. Dadurch werden die beiden Flipflops gesetzt, und die Ausgänge Q_1 und Q_2 nehmen den Zustand H an. Am nachgeschalteten UND-Baustein entsteht ebenfalls der Zustand H. Über einen *„Lampentreiber"* wird durch diesen Zustand die Glühlampe *„richtig"* zum Leuchten gebracht. Benutzt jemand den „falschen Schlüssel", so wird er andere Ziffern eingeben. Dadurch entsteht über die NICHT-Schaltung am Eingang des Lampentreibers *„falsch"* der Zustand H. Diese Lampe leuchtet auf, es könnte zusätzlich noch Alarm ausgelöst werden. Die beiden Flipflops werden bei einer falschen Ziffer zurückgesetzt, damit sich das Schloß nicht durch Probieren aller Ziffern zufällig öffnet.

Aufgaben

1. *Bild 5.6a* zeigt ein Flipflop mit kreuzgekoppelten NOR-Bausteinen. Zeigen Sie die Wirkungsweise der Schaltung bei unterschiedlicher Belegung der Eingänge auf.

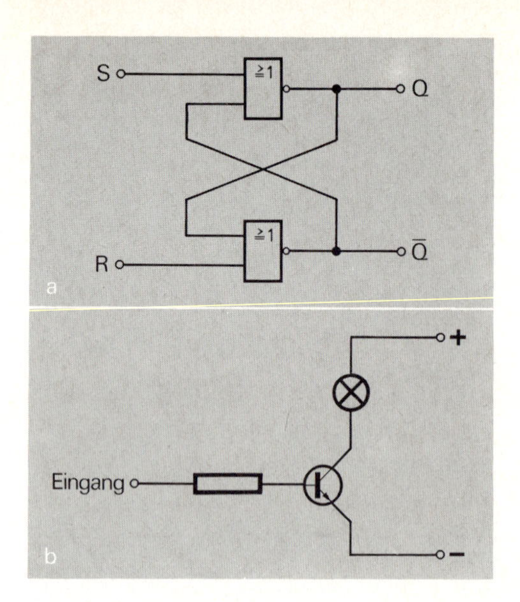

5.6 Zu den Aufgaben 1 und 3

2. Ein Flipflop kann auch durch eine Relaisschaltung erstellt werden. Entwickeln Sie einen entsprechenden Schaltplan.

3. Beim elektronischen Schloß wurde ein Lampentreiber eingesetzt. *Bild 5.6 b* zeigt dafür einen einfachen Schaltplan. Erläutern Sie die Arbeitsweise der Schaltung.

4. Das elektronische Schloß hat noch einige Nachteile. So öffnet es auch bei der Codezahl 72. Wie kann man die Schaltung verändern, damit nur bei der Zahl 27 geöffnet wird?

5.2 Die monostabile Kippstufe

Die bistabile Kippstufe wird „per Hand" gesetzt und rückgesetzt. Damit ist gemeint, daß eine Änderung des Zustands durch Kabelverbindungen oder durch Tasten erfolgt. Bei anderen Kippstufen ändert sich der Zustand ohne äußere Einwirkung. Dafür sind Kondensatoren verantwortlich, die in die Schaltung aufgenommen werden.
Bevor die Arbeitsweise der *monostabilen Kipp-*

stufe, kurz **Monoflop**[1]genannt, untersucht wird, soll das Zusammenwirken eines Kondensators mit einer Transistorschaltung gezeigt werden.

Im Schaltplan von *Bild 5.7a* ist der Transistor zunächst durch den Widerstand R leitend. Die Glühlampe leuchtet. Nun wird ein ungeladener Kondensator zwischen den Emitter- und den Basisanschluß geschaltet. Man beobachtet, daß die Glühlampe kurz verlischt und dann wieder aufleuchtet. Diese Beobachtung kann mit dem Aufladevorgang am Kondensator erklärt werden: Der ungeladene Kondensator wird in die Schaltung gebracht, die Kondensatorspannung U_C ist Null. In diesem Augenblick liegt keine Spannung zwischen dem Emitter und der Basis des Transistors. Er sperrt, und die Lampe wird dunkel.
Mit der Zeit lädt sich nun der Kondensator auf. Der Verlauf der Kondensatorspannung U_C in Abhängigkeit von der Zeit t ist in *Bild 5.7b* skizziert. Zum Zeitpunkt t_S ist eine Spannung erreicht, die den Transistor leitend schaltet. Die Glühlampe leuchtet wieder auf.

[1]) Man findet auch die Bezeichnung *monostabiler Multivibrator.*

Ganz ähnlich kann der Ablauf überlegt werden, wenn der Versuch mit einem geladenen Kondensator wiederholt wird (*Bild 5.7c*). Bei Versuchsbeginn liegt der Minuspol des Kondensators an der Basis des Transistors. Deshalb sperrt er, und die Glühlampe wird dunkel. Nun wird der Kondensator über den Widerstand R umgeladen bis schließlich die obere Platte positiv wird. Dann ist die gleiche Situation erreicht wie beim vorangehenden Experiment. Steigt die Kondensatorspannung weiter an (*Bild 5.7 d*), ist zur Zeit t_S die Spannung an der Basis so groß, daß der Transistor leitend wird und die Glühlampe aufleuchtet.

Wird ein (geladener) Kondensator zwischen den Emitter und die Basis eines Transistors geschaltet, so läuft am Transistor die Zustandsfolge leitend – nicht leitend – leitend automatisch ab.

Wie lange es dauert, bis der Transistor beim Umladen des Kondensators wieder leitend wird, läßt sich mit den Eigenschaften des Kondensators und des Widerstands berechnen. Die Zeit t_S ist von der Kapazität C des Kondensators und der Größe R des Widerstandes abhängig. Es gilt $t_S = 0{,}7 \cdot R \cdot C$.

5.7 Mit einem Kondensator kann der Transistor geschaltet werden. Die Sperrzeit ist dann bei einem geladenen Kondensator erheblich größer als bei einem ungeladenen.

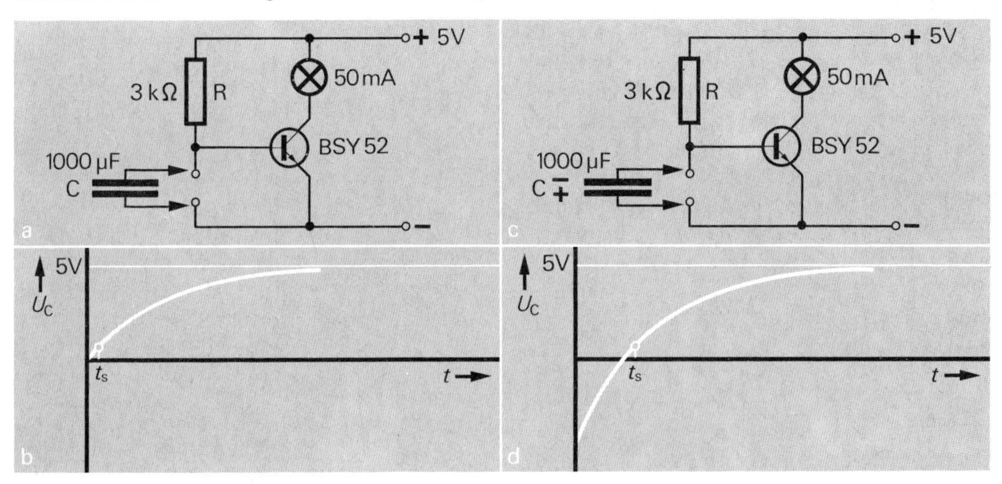

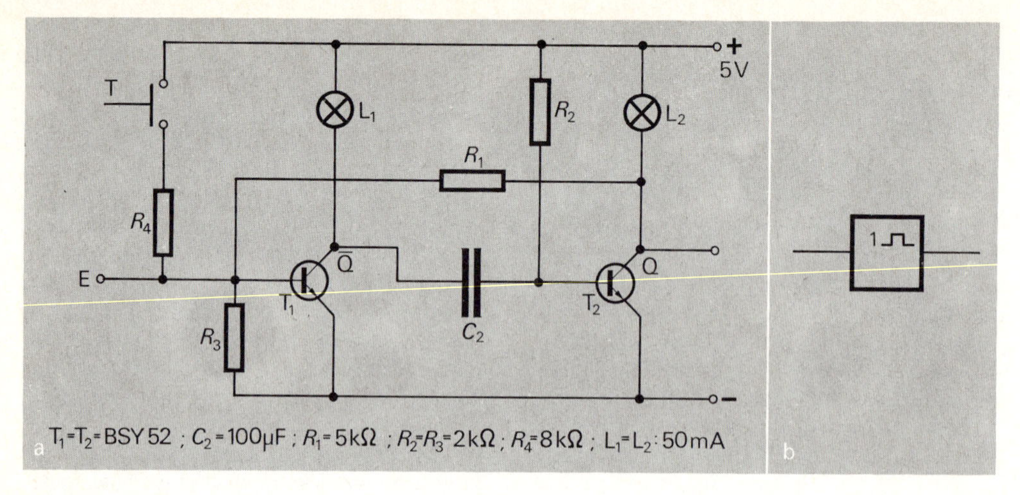

5.8 Die monostabile Kippstufe hat nur eine stabile Lage. (a) Schaltplan (b) Schaltsymbol

Mit $R = 3\ \text{k}\Omega$ und $C = 1000 \mu\text{F}$ ergibt sich daraus $t_S = 2{,}1$ s. Demnach bleibt die Glühlampe für etwa 2 Sekunden dunkel.
Der beschriebenen Umladevorgang wird bei der monostabilen Kippstufe am Kondensator ausgenutzt. Der Schaltplan eines Monoflops ist in *Bild 5.8a* dargestellt. Die Schaltelemente T_2, L_2, R_2 und C_2 bilden die oben untersuchte Schaltung. Das Umschalten wird durch die Taste T und den Transistor T_1 gesteuert.
Wie arbeitet die Schaltung? Wird die Energiequelle eingeschaltet, so ist der Transistor T_2 über den Widerstand R_2 leitend, die Glühlampe L_2 leuchtet auf. Der Ausgang Q hat den Zustand L, so daß durch die Rückkopplung über den Widerstand R_1 der Transistor T_1 sperrt. Die Glühlampe L_1 ist dunkel. Der Kondensator C_2 ist über die Lampe L_1 links positiv und über die Emitter-Basisdiode von T_2 rechts negativ aufgeladen. Betätigt man nun die Taste T, so leitet der Transistor T_1, und der Schaltpunkt $\overline{\text{Q}}$ ist praktisch mit dem Minuspol verbunden. Dadurch liegt auch die linke Seite des Kondensators am Minuspol, und der Kondensator ist für den Transistor T_2 so geschaltet, wie es oben ausführlich untersucht wurde. Der Transistor T_2 sperrt daher für die Zeit t_S. Nach Ablauf dieser Zeit kippt die Schaltung von alleine wieder in ihre Ausgangslage zurück. Nur dieser Zustand ist stabil, daher die Bezeichnung „monostabile“ Kippschaltung.

Eine monostabile Kippschaltung hat nur einen stabilen Zustand. Für die Zeit t_S kann sie die instabile Lage annehmen.

Das Schaltzeichen der monostabilen Kippschaltung ist in *Bild 5.8 b* dargestellt. Diese Schaltung benutzt man häufig zur **Impulsformung** und zur **Impulsdehnung**.

5.9 In der Elektronik werden unterschiedliche Impulsformen erzeugt und verarbeitet. Für die digitale Elektronik ist der Rechteckimpuls besonders wichtig.

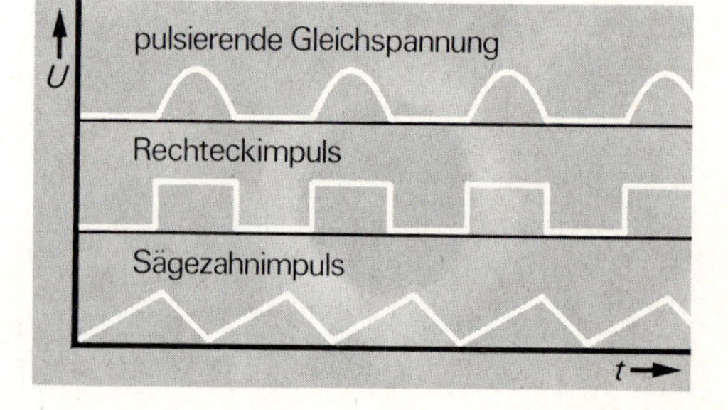

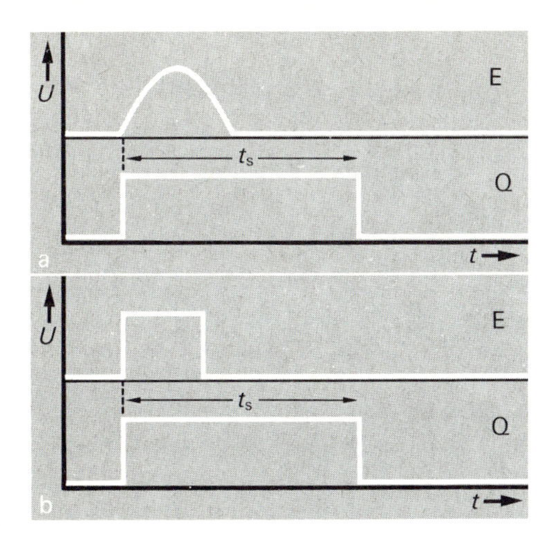

5.10 Ein Monoflop kann (a) zur Impulsformung und (b) zur Impulsdehnung eingesetzt werden.

Elektrische Impulse sind zeitliche Änderungen der Spannung. Sie können sehr unterschiedliche Formen haben. *Bild 5.9* zeigt einige typische Kurvenverläufe: Die pulsierende Gleichspannung haben Sie bereits in *Abschnitt 2.1* kennengelernt. Der **Rechteckimpuls** ist im *Abschnitt 3.3* ebenfalls bereits erwähnt worden. Er ist in der Digitalelektronik besonders wichtig. Der sogenannte Sägezahnimpuls wird im Oszilloskop zur Horizontalablenkung benutzt.

Mit Rechteckimpulsen können elektrische Befehle gegeben werden. Die Spannungsänderung vom Zustand L auf Zustand H oder umgekehrt lassen sich so verarbeiten, daß ein Motor anläuft, eine Uhr gestartet wird oder das Radio sich ausschaltet. Der Zeitpunkt des Schaltens ist um so genauer bestimmt, je schneller dieser Wechsel erfolgt. Deshalb müssen Rechteckimpulse besonders steil ansteigen oder abfallen. Man spricht in diesem Zusammenhang von der *Flankensteilheit* des Impulses.

Ein Rechteckimpuls mit guter Flankensteilheit kann mit einem Monoflop erzeugt werden. Aus einer Einweggleichrichterschaltung steht z. B. eine pulsierende Gleichspannung zur Verfügung. Dieser Impuls wird auf den Eingang E (*Bild 5.8 a*) des Monoflops gegeben. Bei der noch kleinen Spannung von ca. 0,5 V wird der Transistor T_1 leitend, und das Monoflop kippt in die instabile Lage. Unabhängig vom weiteren Verlauf der Eingangsspannung bleibt das Monoflop für die Zeit t_S in dieser Lage. Der Ausgang Q hat für diese Zeit den Zustand H. Dann kippt die Schaltung wieder in die stabile Lage zurück, so daß am Ausgang Q wieder der Zustand L liegt (*Bild 5.10 a*). Beim erneuten Anstieg der pulsierenden Gleichspannung wiederholt sich der Vorgang, so daß am Ausgang des Monoflops ein Rechteckimpuls entsteht.

Das Monoflop wird auch zur Impulsdehnung eingesetzt. Legt man nämlich an den Eingang des Monoflops einen sehr „kurzen" Impuls (*Bild 5.10 b*), so ist die Zeit für den Zustand H am Ausgang des Monoflops durch die Zeit t_S festgelegt. Der Abfall des Impulses setzt daher unabhängig von der weiteren Impulsform am Eingang ein. Eine solche Impulsdehnung kann z. B. in Schaltuhren verwandt werden, um feste Schaltzeiten einzustellen.

Ein Monoflop kann sowohl zur Impulsformung wie auch zur Impulsdehnung benutzt werden.

Aufgaben

1. Die Schaltung von *Bild 5.11* zeigt eine „Verzögerungsschaltung" mit einem Relais. Was beob-

5.11 Zu Aufgabe 1

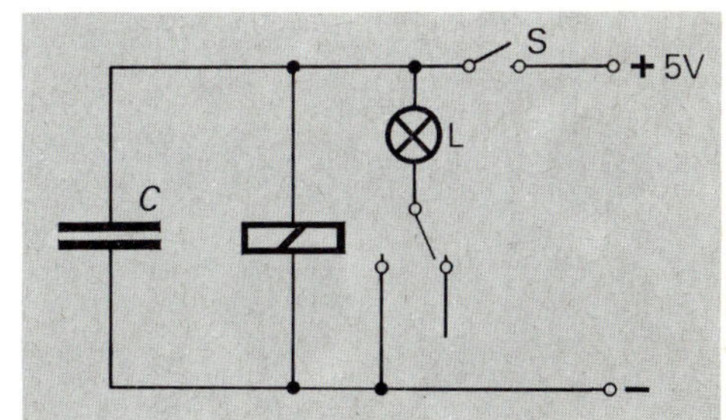

achtet man an der Lampe L, wenn der Schalter S geschlossen wird? Erklären Sie die Arbeitsweise der Schaltung.

2. Der Widerstand R_3 im Schaltplan des Monoflops (*Bild 5.8 a*) kann auch fortgelassen werden. Warum? Welche Aufgabe hat er in der Schaltung?

3. Skizzieren Sie den Spannungsverlauf am Ausgang $\overline{Q}$ des Monoflops (*Bild 5.8 a*), wenn am Eingang eine pulsierende Gleichspannung liegt.

4. Wie verhält sich ein Monoflop, wenn am Eingang ständig der Zustand H liegt?

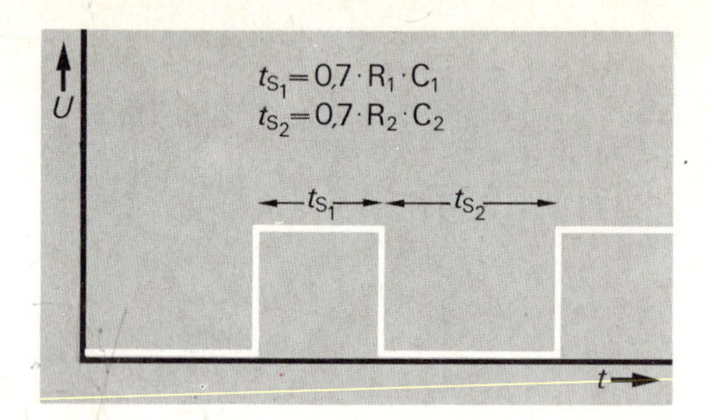

5.13 Die Länge des Impulses bei einer astabilen Kippstufe ist von der Größe der Widerstände und Kondensatoren abhängig. Für die Impulslänge T gilt: $T \doteq 0{,}7 \cdot (R_1 \cdot C_1 + R_2 \cdot C_2)$.

5.3 Die astabile Kippstufe

In diesem Abschnitt soll das dritte Mitglied der Familie der Kippschaltungen besprochen werden. Wenn beide Transistoren mit zwei Kondensatoren gekoppelt werden, entsteht eine Schaltung, die keine stabile Lage mehr aufweist. Man nennt sie dann *astabil* und spricht von einer **astabilen Kippstufe**[1].

Im Schaltplan nach *Bild 5.12 a* ist eine besonders einfache Form der astabilen Kippstufe wiedergegeben. *Bild 5.12 b* zeigt das zugehörige Schaltsymbol. Am Leuchten der Glühlampen ist die Arbeitsweise der Schaltung leicht zu beobachten. Doch läßt sich das Verhalten der Schaltung auch an den Ausgängen A oder B mit einem Oszilloskop untersuchen.

Wird die Energiequelle angeschlossen, so beobachtet man, daß die Lampen abwechselnd aufleuchten. Es liegt eine Blinkschaltung vor. Die Arbeitsweise der Schaltung ist sprachlich nicht ganz leicht darzustellen: Ausgangspunkt der Überlegung sei der Zustand, daß T_1 sperrt und T_2 leitet. Der Kondensator C_2 ist dann

[1]) Häufig wird auch die Bezeichnung *astabiler Multivibrator* benutzt.

5.12 Bei einer astabilen Kippstufe sind die beiden Transistoren über Kondensatoren gekoppelt (a). Das Schaltzeichen (b) ist gegenüber der recht komplizierten Schaltung geradezu „primitiv“.

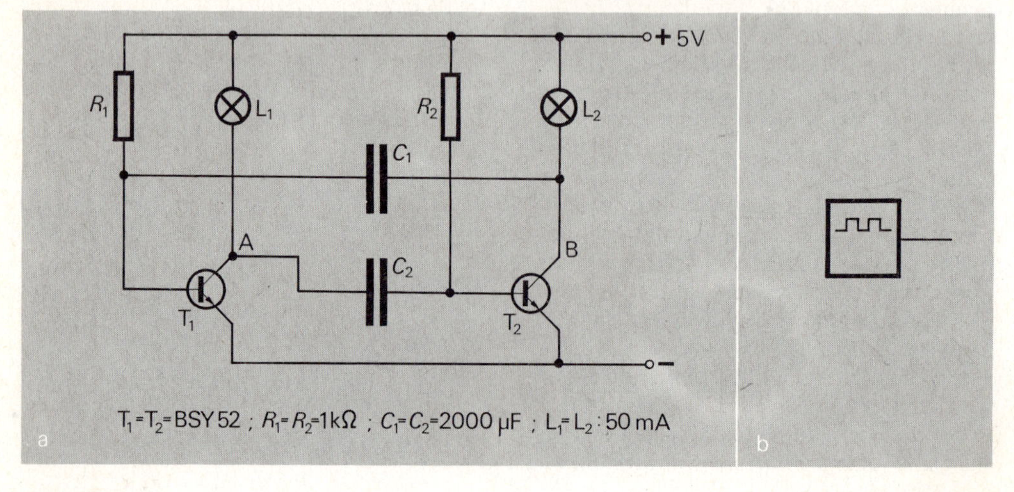

über L_1 und die Emitter-Basisdiode von T_2 so aufgeladen, daß beim Schaltpunkt A der Pluspol liegt. Nun sei angenommen, T_1 werde (aus welchen Gründen auch immer) leitend. Dadurch liegt der Kondensator C_2 mit seinen Anschlüssen zwischen dem Emitter und der Basis von T_2. Wie beim Monoflop wird deshalb T_2 gesperrt, und der Umladevorgang setzt beim Kondensator C_2 ein. Solange T_2 gesperrt bleibt, wird der Kondensator C_1 so geladen, daß sein Pluspol beim Schaltpunkt B liegt. Wird nun T_2 wieder leitend (vgl. die Arbeitsweise des Monoflops), liegt der Schaltpunkt B am Minuspol der Energiequelle. Dies bewirkt, daß T_1 durch den Kondensator C_1 gesperrt wird. Nun arbeitet auch dieser Teil der Schaltung wie ein Monoflop, so daß T_1 nach einiger Zeit wieder leitend wird. Damit ist der Ausgangspunkt der Überlegung erreicht. Periodisch kippt die Schaltung „von alleine“ vom einen in den anderen Zustand.

Durch Kondensatoren wird bei der astabilen Kippstufe erreicht, daß sich die Schaltzustände periodisch ändern.

Der Spannungsverlauf am Schaltpunkt A ist in *Bild 5.13* vereinfacht gezeichnet. Der Schaltpunkt A hat für die Schaltzeit t_{S1} den Zustand H. Diese Zeit wird durch die Größe von R_1 und C_1 bestimmt. Nach Ablauf der Schaltzeit t_{S2} nimmt er dann den Zustand L an, weil so lange T_2 gesperrt und daher T_1 leitend ist. Die gesamte Länge des Rechteckimpulses ergibt sich aus der Summe der beiden Zeiten. Diese Zeit T läßt sich aus der Beziehung
$T = 0{,}7 \cdot (R_1 \cdot C_1 + R_2 \cdot C_2)$ errechnen.

Die Impulslänge einer astabilen Kippstufe wird durch die Kapazitäten der Kondensatoren und die Größe der Ladewiderstände bestimmt. Je größer deren Werte sind, desto länger ist der Impuls.

Im Experiment ergibt sich an den Ausgängen der astabilen Kippstufe noch kein rechteckiger Spannungsverlauf. *Bild 5.14 a* zeigt das Schirmbild eines Oszilloskops. Man erkennt

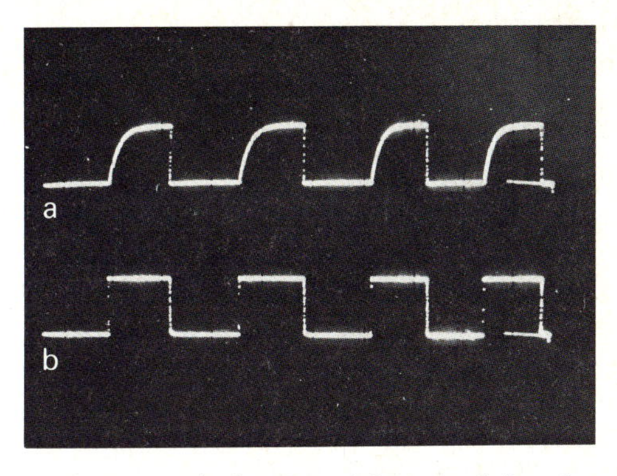

5.14 Erst nach einer Impulsformung liefert eine astabile Kippstufe eine brauchbare Rechteckspannung: (a) Spannungsverlauf an der Kippstufe (b) Rechteckimpuls nach einem Impulsformer

deutlich, daß nur die eine Flanke steil abfällt. Um einen Rechteckimpuls zu erhalten, muß der astabilen Kippstufe noch ein Impulsformer nachgeschaltet werden. Dies kann ein Monoflop sein. *Bild 5.14 b* zeigt die Rechteckspannung nach der Impulsformung.
Wie bei der bistabilen Kippstufe sind auch die Transistoren der astabilen Kippstufe symmetrisch beschaltet. Dies wird besonders deutlich, wenn die Schaltung von *Bild 5.12 a* umgezeichnet wird. Das Ergebnis zeigt *Bild 5.15 a*. Mit geeigneten Bauelementen läßt sich die Symmetrie der Schaltung sogar im Experiment darstellen (*Bild 5.15 b*).
Durch die Wahl der Kondensatoren C_1 und C_2 und der Widerstände R_1 und R_2 kann man die Länge des Impulses bestimmen. Je kleiner die Werte gewählt werden, desto kürzer wird der Impuls. Wählt man z. B. für die beiden Widerstände 1 k Ω und für die Kondensatoren 2 μF, so ergibt sich für die Impulsdauer etwa $T = 0{,}0028$ s. Eine solche kurze Umschaltzeit ist natürlich nicht mehr an den Glühlampen zu beobachten. Doch läßt sich das Umkippen der Schaltung hörbar machen. Der Zeit $T = 0{,}0028$ s entspricht nach der Beziehung $f = 1/T$ eine Frequenz von etwa $f = 357$ Hz. Dieser Ton f^1 liegt um das Intervall einer „großen Terz“ unter dem Kammerton a^1 (mit $f = 440$ Hz).

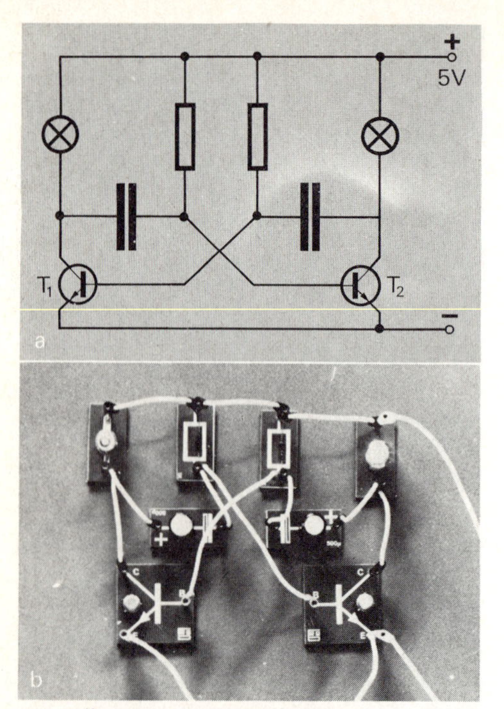

5.15 Ähnlich wie die bistabile Kippstufe ist auch die astabile symmetrisch aufgebaut. Mit geeigneten Geräten kann dies auch im Versuchsaufbau gezeigt werden.

5.16 Eine astabile Kippstufe kann als Tongenerator arbeiten. Die Tonhöhe läßt sich mit einem regelbaren Widerstand verändern.

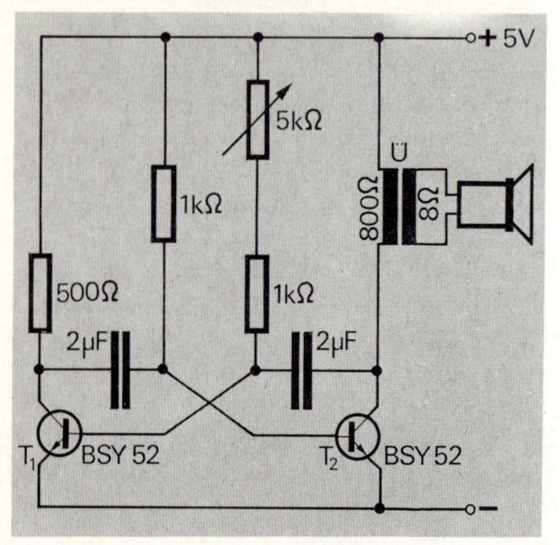

In der Schaltung nach *Bild 5.16* ist die eine Glühlampe durch einen ohmschen Widerstand, die andere durch einen Lautsprecher ersetzt worden. Der Ton der Rechteckschwingung ist gut zu hören. In der Schaltung ist zusätzlich zu einem Ladewiderstand noch ein regelbarer Widerstand geschaltet worden. Durch ihn kann die Impulsdauer stetig geändert werden, so daß auch Töne unterschiedlicher Höhe erzeugt werden können. Bei dieser Arbeitsweise der astabilen Kippstufe spricht man auch von einem **Takt**- oder **Tongenerator**.

Mit einer astabilen Kippstufe können Töne unterschiedlicher Höhe erzeugt werden. Die Schaltung arbeitet dann als Tongenerator.

Ob eine Schaltung bistabil, monostabil oder astabil arbeitet, wird durch die Art der Kopplung der beiden Transistoren bestimmt. Die nachfolgende Übersicht stellt die wesentlichen Merkmale dieser drei Schaltungen einander gegenüber:

Arbeitsweise	Kopplung	Anwendung
bistabil	2 ohmsche Widerstände	Speicherung von L und H
monostabil	1 ohmscher Widerstand, 1 Kondensator	Impulsformung, Impulsdehnung
astabil	2 Kondensatoren	Blinkschaltung, Tongenerator

Aufgaben

1. In *Bild 5.17* wird ein Flipflop von einem Taktgenerator angesteuert. Skizzieren Sie den Spannungsverlauf am Ausgang Q des Flipflops, und vergleichen Sie ihn mit dem Spannungsverlauf des Taktgenerators. Wie arbeitet die Schaltung?

2. Im Schaltplan von *Bild 5.15 a* fehlen die Beschriftungen der Bauelemente (bis auf die Transisto-

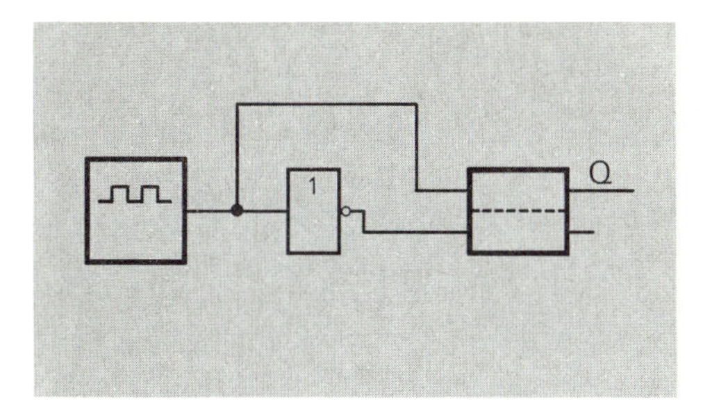

5.17 Zu Aufgabe 1

ren). Zeichnen Sie den Schaltplan ab, und beschriften Sie die Bauelemente so, daß die Schaltung der Darstellung von *Bild 5.12 a* genau entspricht.

3. Beim Tongenerator nach *Bild 5.16* wird die Frequenz durch den regelbaren Widerstand verändert. Skizzieren Sie, wie sich dann der Rechteckimpuls ändert. Welche Frequenz ergibt sich, wenn der regelbare Widerstand seinen Maximalwert von 5 kΩ hat?

4. Verwendet man bei einer astabilen Kippstufe einen Fotowiderstand, so lassen sich Änderungen in der Beleuchtungsstärke hörbar machen. Wie kann die Schaltung aufgebaut werden? Wie lassen sich Temperaturänderungen hörbar machen?

5.4 Eine Kippschaltung mit Zwischenspeicher

Die im *Abschnitt 5.1* untersuchte bistabile Kippstufe hat noch einen entscheidenden Nachteil: Eine Änderung des Zustands ist nur „per Hand" durch Kabel oder Schalter möglich. Eine elektronische vollautomatische Verarbeitung von Informationen wird aber erst dann zufriedenstellend sein, wenn eine Steuerung durch Impulse möglich ist. In diesem Abschnitt soll ein Flipfloptyp entwickelt werden, der seinen Zustand durch einen Impuls ändern kann.

Ein solches verbessertes Flipflop muß über zwei **Vorbereitungseingänge** V_1 und V_2 und einen **Takteingang** T verfügen (*Bild 5.18 a*). Legt man dann an V_1 den Zustand H und an V_2 den Zustand L, so wird durch einen Impuls vom Flipflop der Zustand H[1] übernommen. Das geschieht auf folgende Weise: Solange der Takteingang T den Zustand L hat, liegt an den Ausgängen der beiden NAND-Bausteine der Zustand H, er ist für den Setz- und Rücksetzeingang unwirksam. Bei der aufsteigenden Flanke des Taktimpulses sind jedoch die beiden Eingänge des oberen NAND-Bausteins mit Zustand H belegt, so daß der Ausgang den Zustand L annimmt. Dadurch wird das nachgeschaltete Flipflop gesetzt. Das Flipflop hat die Information der Vorbereitungseingänge durch den Impuls übernommen.

Das Flipflop ändert seinen Zustand erst wieder, wenn die Vorbereitungseingänge umgekehrt belegt werden und ein zweiter Taktimpuls folgt. Diesen Flipfloptyp nennt man ein *RS-Flipflop mit Taktzustandssteuerung*[2]. *Bild 5.18 b* zeigt das Schaltsymbol.

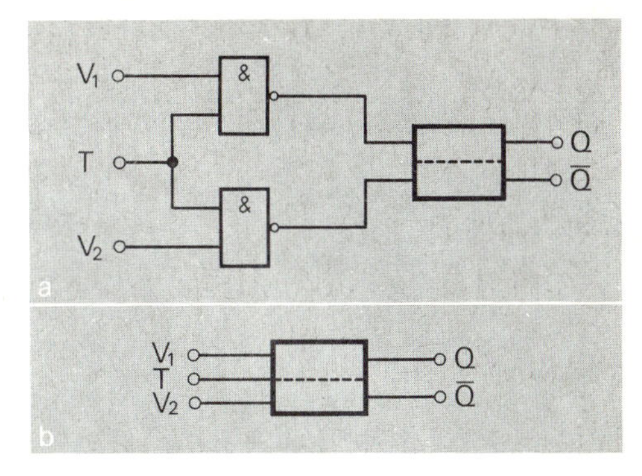

5.18 In das Flipflop kann die Information durch einen Impuls über die Vorbereitungsgänge „eingelesen" werden.

Mit zwei NAND-Bausteinen und einer bistabilen Kippstufe läßt sich ein RS-Flipflop mit Taktzustandssteuerung aufbauen.

---

[1]) Man sagt, *das Flipflop hat den Zustand H,* wenn sein Q-Ausgang diesen Zustand hat. Liegt am Ausgang Q der Zustand L, so sagt man, *das Flipflop hat den Zustand L.*

[2]) RS ist eine Abkürzung von „Rücksetz – Setz".

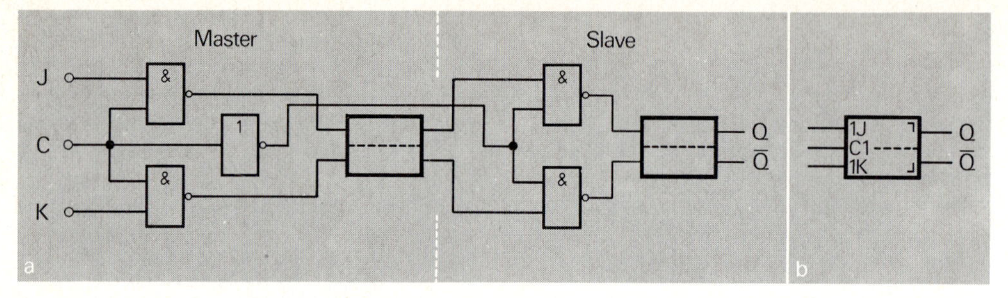

5.19 Bei aufsteigender Flanke des Taktimpulses übernimmt der Masterflipflop die Information der Vorbereitungseingänge. Der Slaveflipflop erhält diese Information erst bei abfallender Flanke.

Soll die Übernahme von den Vorbereitungseingängen bei abfallender Flanke des Taktimpulses erfolgen, so muß in die Taktleitung ein NICHT-Baustein geschaltet werden. Dies nutzt man bei dem am meisten benutzten Flipfloptyp, dem **Master-Slave-Flipflop** aus (*Bild 5.19*).

Beim Master-Slave-Flipflop wird die am Eingang liegende Information bei ansteigender Flanke des Impulses zunächst im Master-Teil zwischengespeichert. Erst bei der abfallenden Flanke gelangt die Information an die Ausgänge Q und $\overline{Q}$ des Flipflops.

Die Arbeitsweise eines Master-Slave-Flipflops soll anhand des Schaltplans von *Bild 5.19 a* erklärt werden. Die Schaltung besteht aus zwei Teilen, dem Master-Teil und dem Slave-Teil. Wie man an der Beschaltung der NAND-Bausteine erkennen kann, sind beide Teile RS-Flipflops mit Taktzustandssteuerung. Während der Master-Teil bei aufsteigender Flanke arbeitet, sorgt die NICHT-Schaltung dafür, daß der Slave-Teil die Information erst bei abfallender Flanke übernimmt. Der Slave-Teil wird durch die Ausgänge des Master-Teils vorbereitet. Der Slave-Teil muß also, wenn auch um die Taktdauer verspätet, dem Master-Teil folgen. Daher auch die Bezeichnungen „Master" von „Herr" und „Slave" von „Knecht". Für die Eingänge eines Master-Slave-Flipflops sind die folgenden Bezeichnungen üblich: Für die Vorbereitungseingänge benutzt man J und K und für den Takteingang ein C (von **c**lock).

Der Funktionsablauf der Schaltung soll an einem Beispiel aufgezeigt werden. Es wird angenommen, beide Flipflops seien zurückgesetzt. Der Eingang J sei mit dem Zustand H und der Eingang K mit dem Zustand L belegt. Was geschieht nun, wenn ein Taktimpuls auf den Eingang C gegeben wird? Bei der aufsteigenden Flanke übernimmt das Masterflipflop die Information, so daß es den Zustand H bekommt. Dadurch ist der Slave-Teil vorbereitet. Bei abfallender Flanke übernimmt das Slaveflipflop den Zustand H, so daß dieser am Ausgang Q erscheint. Das Besondere der Schaltung ist: Die am Eingang liegende Information wird für die Dauer des Taktimpulses im Masterflipflop zwischengespeichert.

Bei einem Master-Slave-Flipflop wird die Eingangsinformation für die Dauer des Taktimpulses zwischengespeichert. Der Ausgang ändert seinen Zustand nur bei abfallender Flanke.

Für das Master-Slave-Flipflop wird das Schaltzeichen nach *Bild 5.19 b* benutzt[1]. Meistens verfügt es zusätzlich noch über einen Setz- und Rücksetzeingang. Wenn im weiteren Text kurz vom „Flipflop" gesprochen wird, so ist stets ein Master-Slave-Flipflop gemeint. Zur Abkürzung benutzt man auch das Zeichen „FF".

[1]) Häufig findet man noch das Zeichen J T K S R Q $\overline{Q}$.

An einigen Beispielen sollen Anwendungsmöglichkeiten des Master-Slave-Flipflops gezeigt werden. *Bild 5.20* zeigt einen Schaltplan, der für eine Alarmanlage gegen Diebstahl geeignet ist. In dem zu schützenden Raum wird eine Lichtschranke installiert. Wird der Lichtstrahl von ungebetenen „Gästen" unterbrochen, so entsteht am Fotowiderstand ein Spannungsabfall. Diese Spannungsänderung wird vom Monoflop in einen Rechteckimpuls umgeformt. Das nachgeschaltete Flipflop ist mit H und L vorbereitet. Durch die abfallende Flanke des Impulses übernimmt das Flipflop den Zustand H und steuert damit ein Alarmzeichen. Der besondere Vorzug dieser Schaltung liegt darin, daß Flipflop und Alarmgeber in einem anderen Raum, etwa in einer Polizeistation, untergebracht werden können. Der einmal ausgelöste Alarm ist vom Einbrecher nicht mehr rückgängig zu machen, selbst wenn er die Lichtschranke entdecken sollte.

Ein Flipflop kann auch als Frequenzteiler eingesetzt werden. Dazu werden die Ausgänge überkreuzt an die Eingänge zurückgeführt (*Bild 5.21 a*). Haben Q den Zustand L und $\overline{Q}$ den Zustand H, so ist das Flipflop beim Eingang J mit H und beim Eingang K mit L vorbereitet. Bei der nächsten abfallenden Flanke wird Q daher den Zustand H annehmen. Dadurch ist die Vorbereitung ebenfalls geändert, und die nächste abfallende Flanke bewirkt wieder einen Wechsel am Ausgang, im Beispiel von H auf L. Bei jeder abfallenden Flanke ändert sich der Zustand des Flipflops am Ausgang Q. Im *Bild 5.21 b* ist oben der Rechteckimpuls für den Takteingang dargestellt. Da das Flipflop nur bei der abfallenden Flanke seinen Zustand ändert, entsteht am Ausgang Q eine Rechteckspannung mit der halben Frequenz. Die Schaltung arbeitet also als *„Frequenzteiler 2"*. Mit dieser Bezeichnung wird angegeben, daß ein Frequenzverhältnis von 2 : 1 vorliegt.

Anmerkung: Bei den meisten Flipflops ist die überkreuzt geführte Rückkopplung bereits intern verschaltet. Eine besondere Kabelführung von außen ist dann nicht mehr erforderlich. Man erreicht dies durch den Einsatz von NAND-Bausteinen mit drei Eingängen.

Man kann auch andere Teilverhältnisse als 2 : 1 erreichen. *Bild 5.22* zeigt als Beispiel einen Frequenzteiler 5. Jedes der drei Flipflops arbeitet zunächst als Teiler 2. Am Ausgang von FF 2 entsteht ¼ und am Ausgang von FF 3 ⅛ der Taktfrequenz, weil jeder Ausgang mit dem Takteingang des folgenden Flipflops verbunden ist. Die möglichen Zustände kann man am besten in einer Tabelle übersichtlich darstellen. Sie beginnt mit dem Zustand L L L aller drei Flipflops. Der Übergang zur nächsten

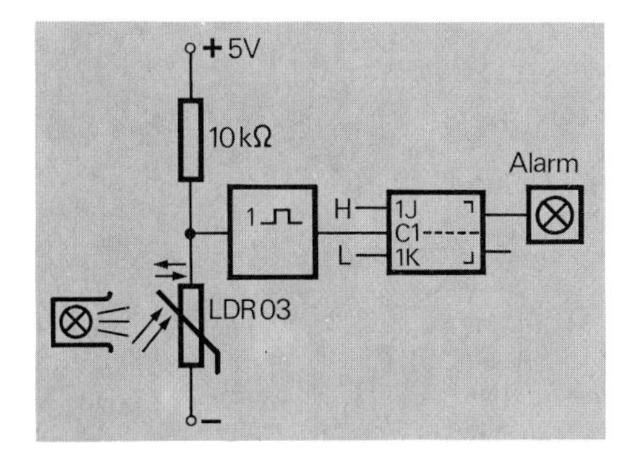

5.20 Wird die Lichtschranke unterbrochen, so entsteht durch das Flipflop Daueralarm. Der Alarm kann erst dadurch wieder gelöscht werden, daß das Flipflop zurückgesetzt wird.

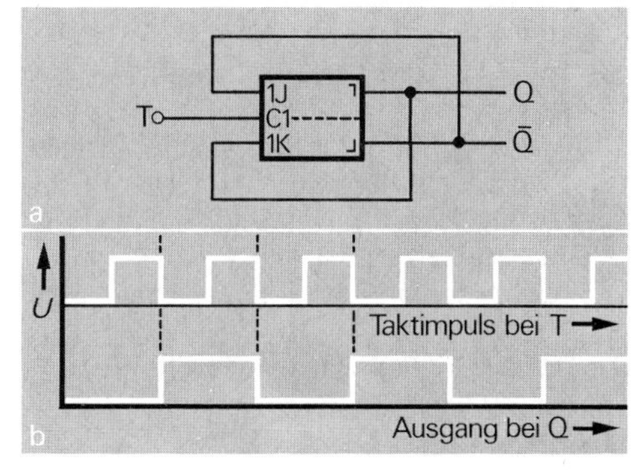

5.21 Werden die Ausgänge des Flipflops überkreuzt an die Eingänge zurückgekoppelt, so entsteht eine Teilerschaltung.

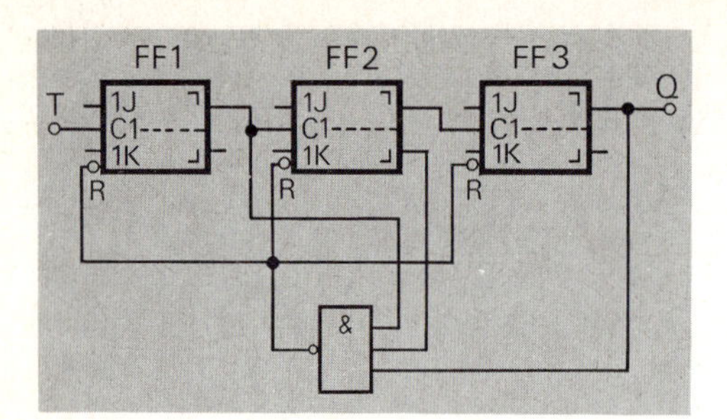

5.22 Anstelle des Zustands H L H nimmt die Teilerschaltung den Zustand L L L an. Es entsteht ein Teiler 5.

Zeile bedeutet immer eine abfallende Flanke des Taktimpulses:

FF1	FF2	FF3
L	L	L
H	L	L
L	H	L
H	H	L
L	L	H
H	L	H
L	H	H
H	H	H

Nach der achten Zeile geht die Schaltung wieder in den Zustand der ersten Zeile über. Dies wäre für den Ausgang von FF 3 ein Frequenzteiler 8. Zusätzlich ist in die Schaltung von *Bild 5.22* noch ein NAND-Baustein aufgenommen worden. Seine drei Eingänge sind so mit den Flipflops verbunden, daß beim Zustand H L H am Ausgang der Zustand L entsteht. Dadurch werden alle Flipflops zurückgesetzt. Statt der sechsten Zeile der Tabelle erscheint nun schon wieder die erste. Insgesamt hat die Schaltung nur noch fünf verschiedene Zustände. Am Ausgang von FF 3 entsteht daher ⅕ der Taktfrequenz.

Flipflops können zur Frequenzteilung mit vorgegebenem Frequenzverhältnis $n:1$ benutzt werden.

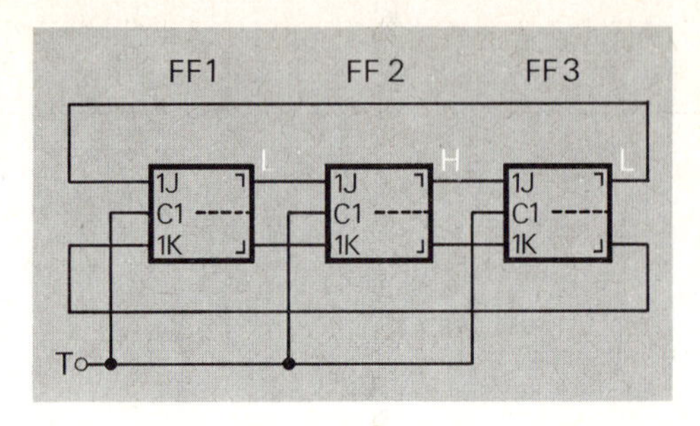

5.23 Zu Aufgabe 3

Aufgaben

1. Bei einem Flipflop sollte man nicht beide Vorbereitungseingänge gleichzeitig mit dem gleichen Zustand belegen. Warum nicht? Wie kann man verhindern, daß an beiden Vorbereitungseingängen der gleiche Zustand vorliegt?

2. Sie haben im *Abschnitt 5.1* kennengelernt, daß eine bistabile Kippstufe auch mit zwei kreuzgekoppelten NAND-Bausteinen erstellt werden kann. Zeichnen Sie den Schaltplan für ein Master-Slave-Flipflop unter ausschließlicher Verwendung von NAND-Bausteinen.

3. *Bild 5.23* zeigt ein *Ringschieberegister.* Der Zustand der Schaltung ist mit LHL eingetragen. Wie ändert sich dieser Zustand nach jedem Taktimpuls? Welchen Zustand hat die Schaltung nach dem 17. Taktimpuls?

4. Entwickeln Sie einen Schaltplan für einen Frequenzteiler 3, und erläutern Sie die Arbeitsweise der Schaltung.

5.5 Eine elektronische Zählschaltung

Flipflops haben eine besondere Bedeutung erlangt durch ihren Einsatz in elektronischen Zählern. Sie sind gewohnt, die Uhrzeit auf einer Digitaluhr abzulesen oder die Massenangabe eines Fleischstücks im Supermarkt in Zahlen ablesen zu können. In derartigen elektronischen Schaltungen bildet ein Zähler stets das Kernstück.

Eine einfache Zählschaltung läßt sich mit Flipflops erstellen, die ganz ähnlich wie bei einer Frequenzteilung geschaltet werden. Die Arbeitsweise sieht man leichter ein, wenn die

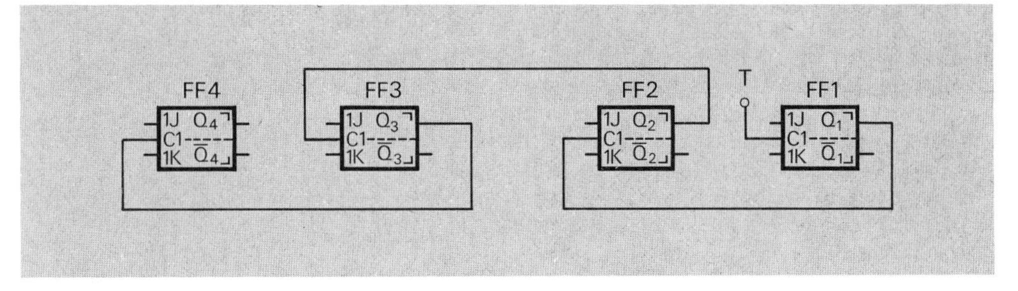

5.24 Ein rückwärts geschalteter Frequenzteiler arbeitet als Dualzähler.

Frequenzteilerschaltung „rückwärts“ aufgebaut wird (*Bild 5.24*). Der Zählimpuls wird an den Takteingang T gelegt. Der Ausgang Q_1 vom Flipflop FF 1 ist an den Takteingang des zweiten Flipflops gelegt. Auch die nachfolgenden Flipflops werden von dem vorangegangenen Flipflop „getaktet“. Erstellt man eine Tabelle der möglichen Zustände, beginnend beim Zustand L L L L, so ergibt sich die nachfolgende Übersicht. Der Übergang von einer zur nächsten Zeile geschieht bei einer abfallenden Flanke des Taktimpulses am ersten Flipflop FF 1.

FF 4 Q_4	FF 3 Q_3	FF 2 Q_2	FF 1 Q_1	Zuordnung zu den Zahlen dual	dezimal
L	L	L	L	0 0 0 0	0
L	L	L	H	0 0 0 I	1
L	L	H	L	0 0 I 0	2
L	L	H	H	0 0 I I	3
L	H	L	L	0 I 0 0	4
L	H	L	H	0 I 0 I	5
L	H	H	L	0 I I 0	6
L	H	H	H	0 I I I	7
H	L	L	L	I 0 0 0	8
H	L	L	H	I 0 0 I	9
H	L	H	L	I 0 I 0	10
H	L	H	H	I 0 I I	11
H	H	L	L	I I 0 0	12
H	H	L	H	I I 0 I	13
H	H	H	L	I I I 0	14
H	H	H	H	I I I I	15
L	L	L	L	0 0 0 0	0
L	L	L	H	0 0 0 I	1

Ordnet man dem Zustand L die Dualziffer 0 und dem Zustand H die Dualziffer I zu, so erkennt man, daß die Schaltung der Reihe nach die Zahlen von 0 bis 15 durchläuft. Die rechte Spalte gibt die dezimale Darstellung an. Die Schaltung arbeitet daher als **Dualzähler.** Nach dem Zustand H H H H springt sie wieder in den Ausgangszustand L L L L zurück. Man spricht von einem Zähler modulo 16[1]), weil er 16 verschiedene Zustände aufweist. Erst mit einem weiteren Flipflop könnte die Zählschaltung noch erweitert werden.

Da der H-Zustand am Ausgang eines Flipflops in Modellversuchen häufig durch das Aufleuchten einer Lampe angezeigt wird, kann ein geübtes Auge die Anzahl der gezählten Impulse am Leuchten der Lampen erkennen.

Mit Flipflops kann ein Dualzähler aufgebaut werden. Dabei sind die Flipflops umgekehrt wie bei einer Teilerschaltung angeordnet.

Der Nichtmathematiker bevorzugt eine dezimale Anzeige. Er ist gewohnt, statt der Zeichenfolge 0I0I die Ziffer 5 zu sehen. In einem Dual-Dezimalwandler werden die einzelnen Ziffern 0–9 der Zahl gesondert umgewandelt.

[1]) „modulo 16“ bedeutet in der Mathematik, daß die Reste bei der Division durch 16 angegeben werden. Zählt man aufwärts, dann wird statt der Zahl 16 wieder mit 0 begonnen.

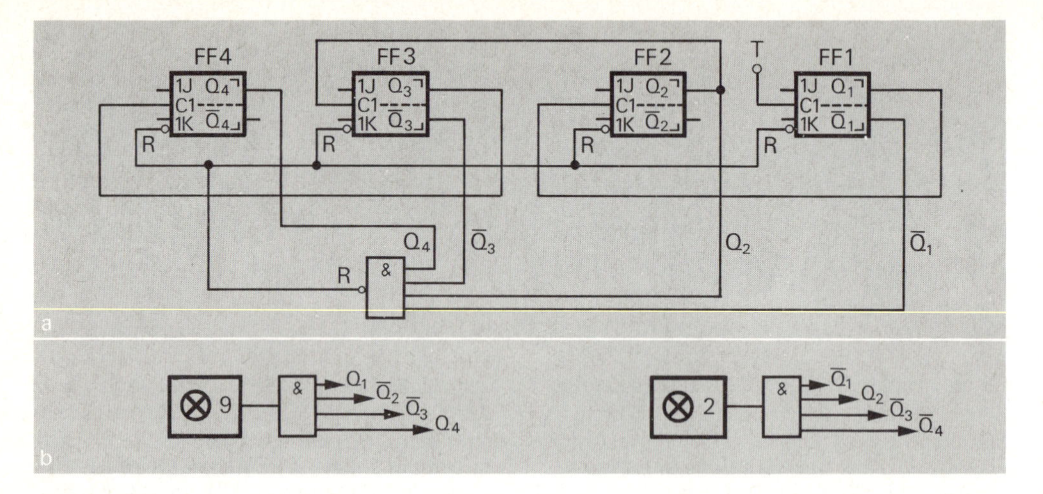

5.25 (a) Mit einem 4-fach-NAND-Baustein kann ein Zähler mod. 10 aufgebaut werden. (b) Zum Dekodieren benötigt man für jede Ziffer einen UND-Baustein mit vier Eingängen.

Dazu muß der Dualzähler zunächst so geschaltet werden, daß er dezimal gesehen nur bis 9 zählt und dann wieder mit der 0 beginnt. Dies läßt sich genauso wie bei der Teilerschaltung 5 erreichen. Vielleicht hatten Sie Schwierigkeiten, diese Teilerschaltung zu verstehen. Deshalb sei das Problem noch einmal erörtert: Soll der Dualzähler modulo 10 arbeiten, so muß anstelle des Zustands HLHL bereits wieder der Zustand LLLL erscheinen. Dies entspricht dem Übergang von 9 auf 0. Mit einem NAND-Baustein wird der Zustand HLHL am Zähler „abgegriffen" (*Bild 5.25a*). An den Flipflops FF 1 und FF 3 werden die $\overline{Q}$-Ausgänge benutzt, weil sie für diesen Fall den Zustand H haben. Wird nun die Dezimalzahl 10 erreicht, so hat der Ausgang des NAND-Bausteins den Zustand L. Dadurch werden alle Flipflops zurückgesetzt; anstelle des Zustand HLHL erscheint der Zustand LLLL. Der Zähler zählt so, dezimal gesehen, nur noch bis 9.

Einen solchen Zähler braucht man für jede Stelle der Dezimalzahl. Die Anzeige der zuge-

5.26 Das Kernstück eines elektronischen Zählers bildet ein integriertes Zählsystem, das im Steckkartenformat gefertigt wird.

5.27 Stückgutzählungen können mit einer Lichtschranke und einem digitalen Zähler erfolgen.

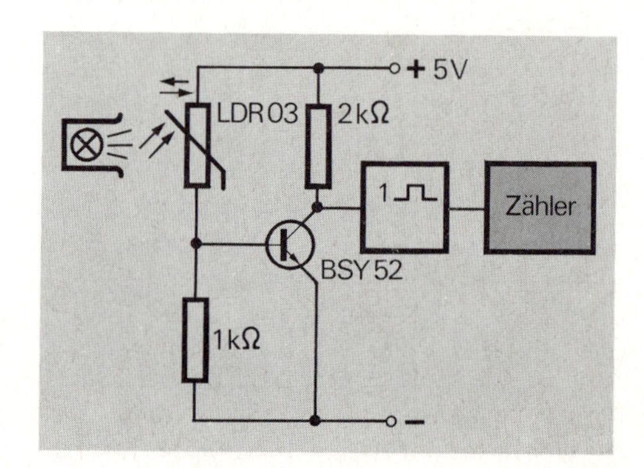

hörigen Dezimalziffer kann mit einer Glühlampe erfolgen oder durch eine spezielle Ziffernanzeigeröhre. Dazu muß aber jeder Zustand durch einen UND-Baustein herausgefiltert werden. In *Bild 5.25b* leuchtet die Glühlampe für die Ziffer 9 z. B. nur dann auf, wenn an den Flipflops der Zustand H L L H vorliegt. Deshalb sind die Eingänge des UND-Bausteins mit $Q_1, \overline{Q}_2, \overline{Q}_3$ und Q_4 zu verbinden. Entsprechend werden die Eingänge bei der Auswahl der Ziffer 2 mit $\overline{Q}_1, Q_2, \overline{Q}_3$ und $\overline{Q}_4$ verbunden. Diese Auswahl der einzelnen Zustände nennt man **Decodieren.** Die Industrie bietet für dieses Problem fertige Decodierer als integrierte Schaltkreise an.

Mit einem NAND-Baustein kann ein Zähler modulo 16 zu einem Zehnerzähler werden. Durch Decodierung ist eine Dezimalanzeige möglich.

In der Technik werden fertige Zählschaltungen benutzt, bei denen jede Stufe als Zehnerzähler arbeitet (*Bild 5.26*). Der Zählimpuls für die nächste Stufe kann vom Q_4-Ausgang der vorangegangenen Stufe abgenommen werden.

Als Beispiel für die Anwendung eines digitalen Zählers soll die Stückgutzählung an einen Fließband simuliert werden (*Bild 5.27*). Zu diesem Zweck ist ein Schaltverstärker mit einem Fotowiderstand bestückt worden. Wird die Lichtschranke durch einen Gegenstand auf dem Fließband abgedunkelt, so wechselt der Ausgang des Transistors vom Zustand L auf Zustand H. Durch das Monoflop entsteht dann ein Rechteckimpuls, dessen abfallende Flanke vom Zähler gezählt wird. Jedesmal, wenn ein Gegenstand in die Lichtschranke hineintritt, zählt der Zähler um eins weiter.

Mit elektronischen Zählern lassen sich auch elektrische Impulse zählen. Doch muß dabei aufgepaßt werden: Start und Stopp des Zählers können nicht einfach über einen Schalter erfolgen. Da bei der Betätigung eines mechanischen Schalters der Kontakt ganz schnell mehrfach hintereinander anschlägt, würde dies zu zusätzlichen Zählimpulsen führen.

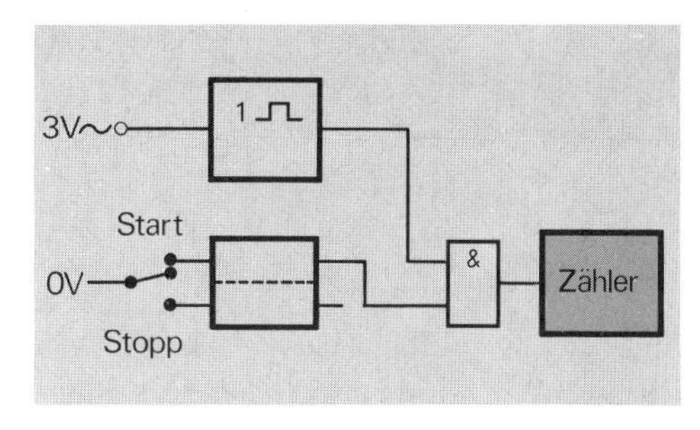

5.28 Zum Zählen elektrischer Impulse muß mit einem prellfreien Schalter gearbeitet werden.

Deshalb muß man *prellfrei* schalten. Dafür ist eine bistabile Kippstufe gut geeignet. Im Schaltplan nach *Bild 5.28* sollen die Impulse der Netzfrequenz gezählt werden. Zunächst wird über ein Monoflop ein Rechteckimpuls erzeugt. Dieser kann über einen UND-Baustein an den Zähler gelangen. Wird das Flipflop über den Umschalter gesetzt, so können die Impulse vom Zähler gezählt werden. Auch wenn der mechanische Umschalter nun mehrfach anschlägt, wird das Flipflop bereits bei der ersten Berührung gesetzt, und der Zählvorgang beginnt. Zum Stopp des Zählers wird das Flipflop über den Umschalter zurückgesetzt.

Aufgaben

1. Wie müssen die Eingänge des UND-Bausteins zur Decodierung der Ziffern 7 und 3 beschaltet werden?

2. Bei einem „elektronischen Würfel" darf der Dualzähler nur die Zahlen von 1 bis 6 durchlaufen. Entwickeln Sie den Schaltplan für eine solche Schaltung.

3. Bei der Stückgutzählung nach *Bild 5.27* wurde der Zählvorgang beim Eintreten eines Gegenstandes in die Lichtschranke ausgelöst. Wie muß man die Schaltung aufbauen, damit der Zählvorgang beim Austritt erfolgt?

4. Die dezimale Anzeige bei Zählern und Digitaluhren erfolgt häufig durch „7-Segment-Bausteine". Wie werden die Ziffern 1, 5 und 9 dargestellt? Wieviel Anschlüsse muß ein solcher Baustein mindestens haben?

6. Der Transistor als Verstärker

Die digitale Elektronik verwendet den Transistor als Schalter. Die entwickelten Schaltungen sind relativ einfach zu verstehen, weil beim Transistor nur die beiden Zustände *„leitend“* und *„nicht leitend“* zu unterscheiden sind. Der Transistor wird jedoch nicht nur als Schalter, sondern fast noch häufiger als **Verstärker** eingesetzt. Soll ein Transistor als Verstärker arbeiten, ist gerade das Übergangsgebiet von *nicht leitend* zu *leitend* wichtig.
Verstärker werden vielfach in der „Unterhaltungselektronik“ eingesetzt. Ob es nun Radiogeräte, Cassettenrecorder oder vollständige Disco-Anlagen sind, stets müssen für den Lautsprecherbetrieb die schwachen Signale der Tonquellen verstärkt werden. Der in diesem Kapitel vorzustellende Verstärker wird sehr einfach und noch leistungsschwach sein. Sie brauchen sich also keine Sorgen um Ihre Nachbarn zu machen, es wird noch sehr leise zugehen.
Schaltungen der Digitalelektronik können durch Zuordnungs- oder Zustandstabellen beschrieben werden. Bei Verstärkerschaltungen werden zur Erklärung der Arbeitsweise die **Kennlinien** des Transistors herangezogen. In *Kapitel 2* sind bereits Kennlinien von Dioden aufgenommen und untersucht worden. In diesem Kapitel geht es nun überwiegend um die Kennlinien von Transistoren.

6.1 Die Stromsteuerkennlinie

Bei einer Transistorschaltung können viele Größen verändert werden. Nicht nur die Werte der ohmschen Widerstände haben einen Einfluß auf die Arbeitsweise der Schaltung, sondern auch auftretenden Spannungen und Stromstärken. Festgestellt wurde bereits, daß sich die Kollektorstromstärke ändert, wenn die Emitter-Basisspannung verändert wird. Zwischen der Kollektorstromstärke I_C und der Basisstromstärke I_B läßt sich ein besonders einfacher Zusammenhang aufzeigen.

Im Schaltplan von *Bild 6.1* liegt vor der Basis des Transistors ein Spannungsteiler. Durch den regelbaren Widerstand können verschiedene Spannungen eingestellt werden, so daß sich auch die Basisstromstärke I_B ändert. Dies wird mit einem Strommesser in der Basiszuleitung angezeigt. Die Stromstärke in der Kollektorleitung wird ebenfalls gemessen. Die Glühlampe in der Kollektorleitung ist durch einen ohmschen Widerstand ersetzt worden.
Nimmt nun die Basisstromstärke zu, so beobachtet man am Meßgerät für den Kollektorstrom, daß auch die Kollektorstromstärke größer wird. Genauere Aussagen über den Zusammenhang zwischen diesen beiden Stromstärken erhält man durch eine Meßreihe. In

6.1 Schaltplan zur Aufnahme der Stromsteuerkennlinie: Ändert man die Basisstromstärke, so ändert sich auch die Kollektorstromstärke.

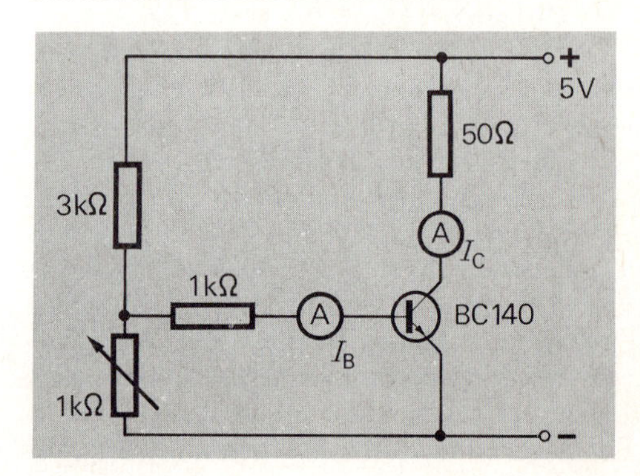

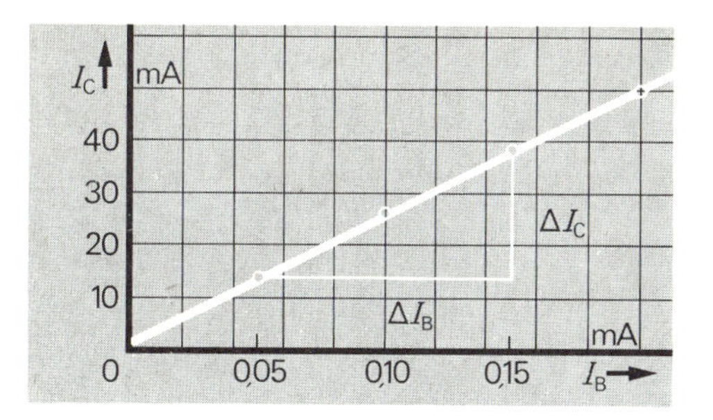

6.2 Der Kollektorstrom I_C steigt fast linear mit der Basisstromstärke I_B an. Diese Kennlinie nennt man Stromsteuerkennlinie.

der folgenden Tabelle sind die Meßwerte für den Transistortyp BC 140 aufgeführt:

I_B in mA	0,0	0,05	0,10	0,15	0,20
I_C in mA	0,0	15	27	39	50

Diese Meßwerte sind in der Zeichnung von *Bild 6.2* graphisch dargestellt. Man erkennt, daß die Verbindung der Meßpunkte fast eine Gerade ergibt. Damit ist die erste Kennlinie des Transistors gefunden. Man nennt diese Kennlinie die **Stromsteuerkennlinie,** weil durch den Basisstrom der Kollektorstrom gesteuert wird.

Die Kollektorstromstärke steigt fast linear mit der Basisstromstärke an. Die graphische Darstellung heißt Stromsteuerkennlinie.

Bereits an dieser Kennlinie läßt sich die Verstärkereigenschaft eines Transistors erläutern. Zum leichteren Verständnis wird ein Zahlenbeispiel gewählt: Wird die Basisstromstärke von 0,05 mA auf 0,15 mA erhöht, so hat sie sich um 0,10 mA geändert (*Bild 6.2*). Diese Änderung bewirkt eine Änderung der Kollektorstromstärke, und zwar steigt die Kollektorstromstärke von 15 mA auf 39 mA an. Sie hat sich also insgesamt um 24 mA geändert. Daraus erkennt man: Die Änderung der Basisstromstärke um 0,10 mA tritt um den Faktor 240 verstärkt als Änderung der Kollektorstromstärke auf. Man sagt: Der Verstärkungsfaktor ist 240.

Allgemein bezeichnet man den Stromverstärkungsfaktor mit dem Buchstaben β. β ergibt sich aus dem Quotienten der Änderung der Kollektorstromstärke und der Änderung der Basisstromstärke. Dies läßt sich auch in einer Formel ausdrücken. Bezeichnet man die Änderung der Basisstromstärke mit ΔI_B[1] und die Änderung der Kollektorstromstärke mit ΔI_C, so gilt

$$\beta = \frac{\Delta I_C}{\Delta I_B}.$$

Da die Stromsteuerkennlinie nicht genau eine Gerade ist, hat der Stromverstärkungsfaktor nicht überall den gleichen Wert. Bei den meisten Transistortypen findet man für die Stromverstärkung Werte zwischen 100 und 200.

Der Stromverstärkungsfaktor β ist definiert durch $\beta = \Delta I_C/\Delta I_B$. Je nach Transistortyp werden Werte zwischen 100 und 200 gemessen.

Die Stromverstärkung durch einen Transistor läßt sich in einem einfachen Experiment hörbar machen. Im Schaltplan von *Bild 6.3a* ist ein Kopfhörer über einen Spannungsteiler an eine Wechselspannungsquelle angeschlossen. Hat die Spannung die Netzfrequenz von 50 Hz, so ist im Kopfhörer ein tiefer, leiser Brummton zu hören. Wird nun der Kopfhörer anschließend in die Kollektorleitung einer Transistorschaltung eingesetzt und die Basis des Transistors an den Spannungsteiler angeschlossen, so ist der Brummton der Netzfrequenz erheblich lauter zu hören. Durch die nun wesentlich größere Stromstärkeänderung in der Kopfhörerspule wird die Membran des Kopfhörers in stärkere Schwingungen versetzt. Die abgestrahlte Schalleistung wird größer und der Ton lauter.

---

[1] Das Zeichen „Δ“ (Delta) wird in der Mathematik für „Differenz“ gesetzt.

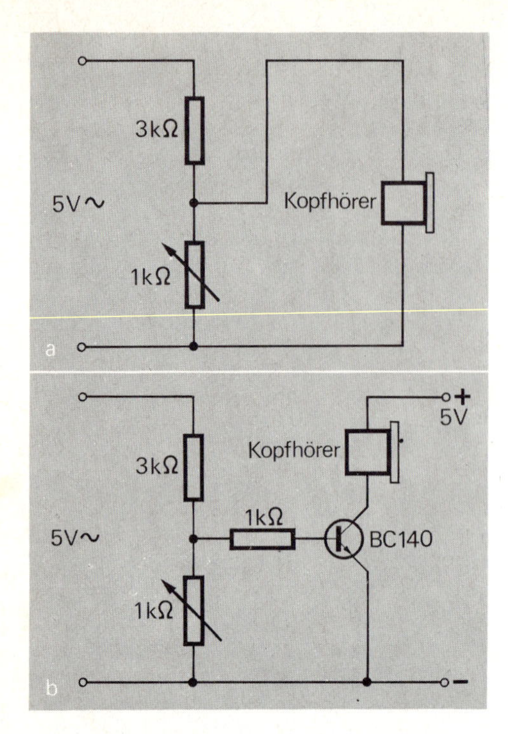

6.3 Mit einem Transistor als Verstärker ist der „Brummton" des Wechselstroms wesentlich lauter zu hören.

Die Meßtabelle für die Stromsteuerkennlinie könnte man fortsetzen. Werden größere Basisstromstärken eingestellt, so zeigt sich, daß sich die Kollektorstromstärke nicht mehr so stark

6.4 Die Stromsteuerkennlinie ist nur im ersten Teil linear. Sie knickt dann ab und kommt in den Sättigungsbereich.

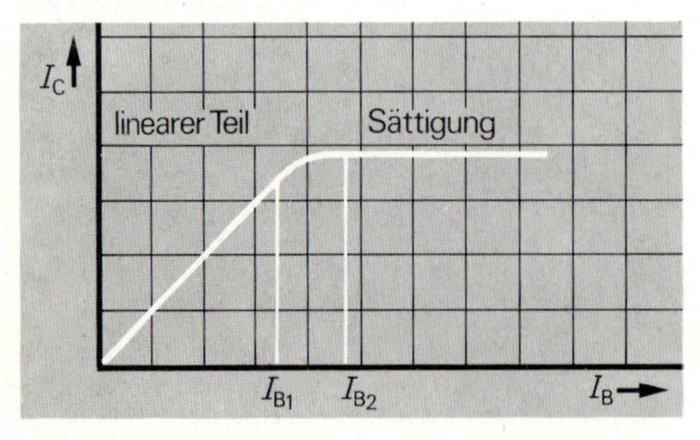

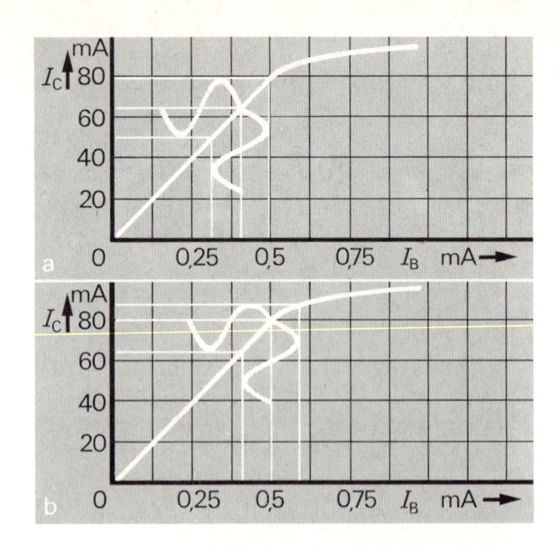

6.5 (a) Im linearen Teil der Kennlinie ist auch die Änderung der Kollektorstromstärke sinusförmig. (b) Ändert sich die Basisstromstärke bis in den Sättigungsbereich hinein, so treten Verzerrungen auf.

ändert. Schließlich wird sogar eine „Sättigung" erreicht. Die Kollektorstromstärke bleibt konstant, auch wenn die Basisstromstärke vergrößert wird. *Bild 6.4* zeigt als Skizze den vollständigen Verlauf der Stromsteuerkennlinie. Bis zur Basisstromstärke I_{B_1} steigt die Kurve linear an, dann beginnt sie abzuknicken und gelangt bei der Basisstromstärke I_{B_2} in den Sättigungsbereich.

> Die Stromsteuerkennlinie ist nur im ersten Teil linear. Bei größeren Basisstromstärken wird eine Sättigung erreicht.

Daß eine Sättigung für die Kollektorstromstärke eintritt, ist nicht schwer einzusehen. Erinnern Sie sich bitte an die Schalterwirkung des Transistors: Ist der Transistor *leitend*, so besteht praktisch eine leitende Verbindung zwischen dem Kollektor und dem Emitter. Noch leitender als *leitend* kann der Transistor nicht werden. Dies bedeutet, daß die Kollektorstromstärke konstant bleibt, auch wenn die Basisstromstärke größer wird.
Die Eigenschaft des Transistors, ein „guter" Verstärker zu sein, ist wesentlich durch den

Knick in der Stromsteuerkennlinie bestimmt. Von einem guten Verstärker wird nämlich erwartet, daß er ohne Verzerrungen verstärkt. Ändert sich z. B. die Basisstromstärke sinusförmig, so soll sich auch die Kollektorstromstärke nach einer Sinusfunktion ändern. Dies geschieht in der Darstellung nach *Bild 6.5a*, weil insgesamt nur im linearen Teil der Kennlinie gearbeitet wird. Erfolgt die Änderung der Basisstromstärke jedoch bis in den Sättigungsbereich hinein, so treten Verzerrungen auf *(Bild 6.5b)*. Oberhalb der Basisstromstärke von 0,75 mA ändert sich der Kollektorstrom praktisch nicht mehr. Deshalb tritt dieser Teil der Sinuskurve bei der Kollektorstromstärke nur noch als ganz flacher Kurvenzug auf.

Ein Verstärker arbeitet nur dann ohne Verzerrungen, wenn der lineare Teil der Stromsteuerkennlinie benutzt wird.

Aufgaben

1. Aus der Meßtabelle für die Stromsteuerkennlinie kann viermal bei einer Änderung der Basisstromstärke von 0,05 mA der Stromverstärkungsfaktor errechnet werden. Bestimmen Sie diese Werte, und tragen Sie den Stromverstärkungsfaktor in Abhängigkeit von der Basisstromstärke in einem Diagramm ein. Was erkennt man aus der graphischen Darstellung?

2. In *Bild 6.6* sind die Stromsteuerkennlinien für zwei verschiedene Transistoren gezeichnet. Bestimmen Sie jeweils den Stromverstärkungsfaktor. Welcher Zusammenhang besteht zwischen dem Anstieg der Stromsteuerkennlinie und dem Verstärkungsfaktor?

6.6 Zu Aufgabe 2

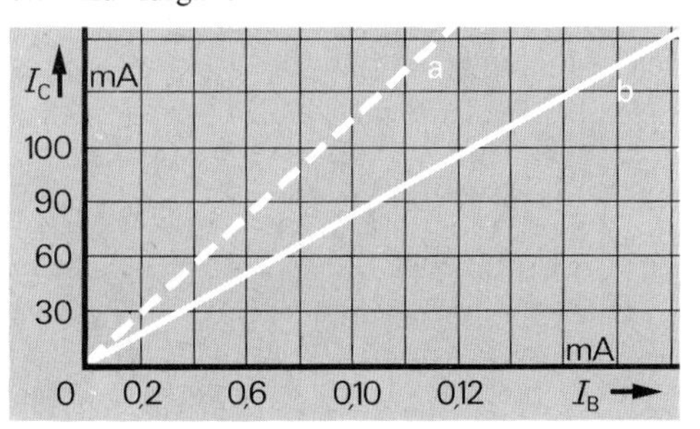

3. Eine Transistorschaltung kann auch als Gleichrichter arbeiten. Erläutern Sie dies anhand der vollständigen Stromsteuerkennlinie nach *Bild 6.4*. Hinweis: Es gibt zwei verschiedene Möglichkeiten.

4. Beschreiben Sie Gemeinsamkeiten und Unterschiede bei der Arbeitsweise des Transistors als Schalter und als Verstärker.

6.2 Das Ausgangskennlinienfeld

Neben der Stromsteuerkennlinie sind andere Kennlinien für den richtigen Betrieb eines Transistorverstärkers wichtig. In diesem Abschnitt soll untersucht werden, wie sich die Kollektorstromstärke I_C bei Änderung der Emitter-Kollektorspannung U_{CE} verhält.
Einen ersten Hinweis kann man bereits aus der Helligkeit einer Glühlampe entnehmen. Im Schaltplan von *Bild 6.7* ist die Emitter-Kollektorspannung durch das Potentiometer P veränderbar. Zunächst wird das Potentiometer so eingestellt, daß die Betriebsspannung abgegriffen wird. Dann wird der Spannungsteiler an der Basis so einreguliert, daß die Glühlampe hell aufleuchtet. Wird nun durch das Potentiometer die Emitter-Kollektorspannung allmählich verringert, so ändert sich die Helligkeit der Glühlampe kaum. Dies ist ein Hin-

6.7 Wird die Emitter-Kollektorspannung verändert, so bleibt die Helligkeit der Glühlampe fast konstant.

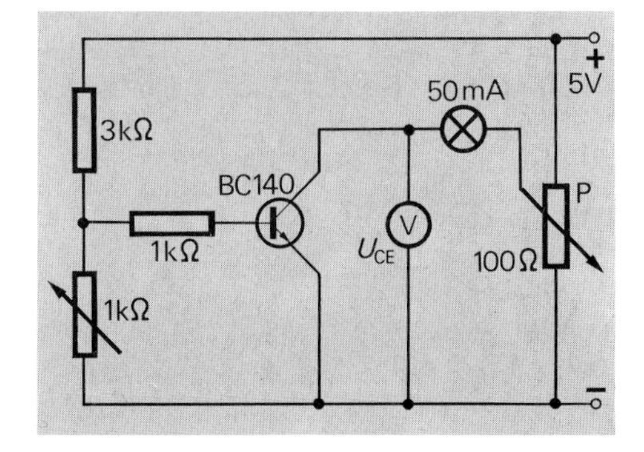

weis, daß sich die Kollektorstromstärke wenig ändert. Erst bei sehr kleiner Spannung (ca. 0,5 V) verlischt die Lampe plötzlich.
Zur genaueren Untersuchung der Abhängigkeit der Kollektorstromstärke I_C von der Emitter-Kollektorspannung U_{CE} wird die Glühlampe durch einen Strommesser ersetzt *(Bild 6.8a)*. Außerdem muß die Basisstromstärke angezeigt werden, damit kontrolliert werden kann, ob sie konstant bleibt. Diese Kontrolle ist erforderlich, weil die Basisstromstärke einen Einfluß auf die Kollektorstromstärke hat. *Bild 6.8b* zeigt eine Versuchsanordnung zu dieser Schaltung.
Die folgende Messung ist bei einer Basisstromstärke von 4 mA durchgeführt worden. Wie schon bei der Stromsteuerkennlinie wird der Transistor BC 140 benutzt:

6.8 Zur Bestimmung der Ausgangskennlinie wird die Kollektorstromstärke in Abhängigkeit von der Emitter-Kollektorspannung gemessen. Die Basisstromstärke bleibt während der Meßreihe konstant.

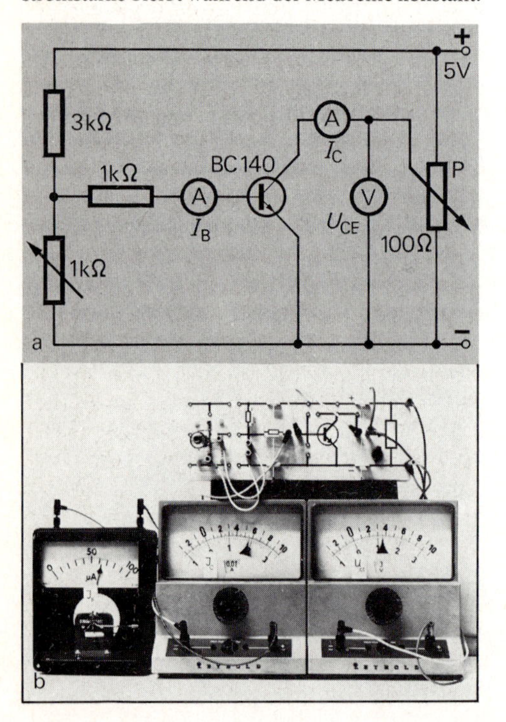

U_{CE} in V	0,0	0,5	1,0	1,5	2,0	2,5	3,0
I_C in mA	0,0	340	380	400	415	425	440

In *Bild 6.9* ist die Meßreihe graphisch dargestellt worden. Diesen Graphen nennt man die **Ausgangskennlinie** des Transistors, weil die Größen I_C und U_{CE} am Ausgang der Transistorschaltung auftreten. Für die Ausgangskennlinie sind ein steiler Anstieg und anschließend ein sehr flacher Verlauf typisch. Oberhalb der *Kollektorsättigungsspannung* ändert sich der Kollektorstrom nur noch wenig.

Die Ausgangskennlinie beschreibt den Zusammenhang zwischen der Kollektorstromstärke und der Emitter-Kollektorspannung. Besonders typisch ist der fast waagerechte Verlauf oberhalb der Kollektorsättigungsspannung.

Die Meßreihe bestätigt die Beobachtung an der Glühlampe. Weil sich die Kollektorstromstärke über weite Bereiche nicht wesentlich ändert, ist auch die Helligkeit der Glühlampe überwiegend gleich geblieben.
Da die Ausgangskennlinie eine besondere Bedeutung hat und bei der Verwendung eines Transistors stets bekannt sein muß, wird sie häufig auf dem Schirm eines Oszilloskops aufgezeichnet. Dadurch kann viel Zeit gespart werden. Es gibt sogar Oszilloskope, die beson-

6.9 Für die Ausgangskennlinie sind rascher Anstieg und anschließend fast waagerechter Verlauf typisch.

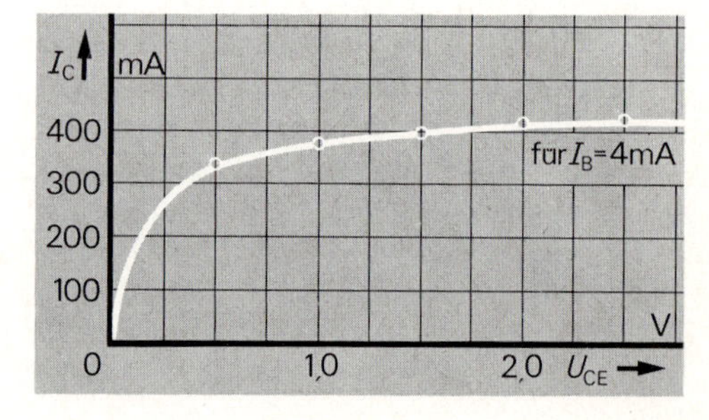

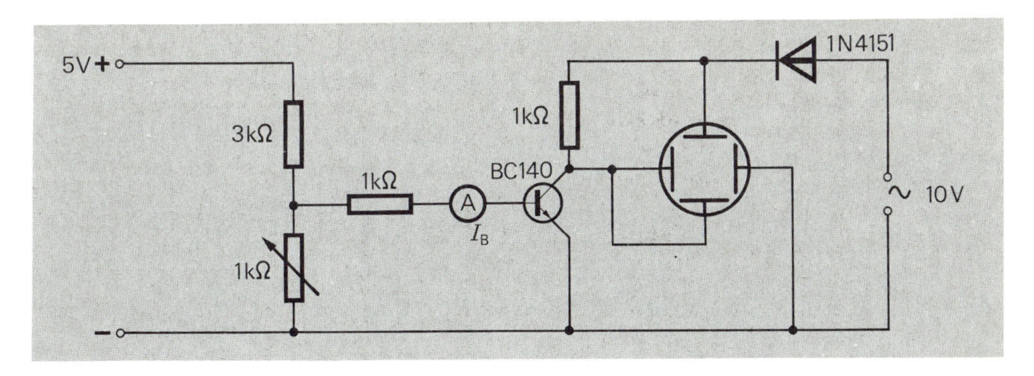

6.10 Die Ausgangskennlinie eines Transistors kann gut auf dem Schirm eines Oszilloskops beobachtet werden.

dere „Einschübe" zur Aufnahme von Transistorkennlinien besitzen. Dann braucht man den Transistor nur in eine Fassung am Einschub zu stecken und kann dann die gewünschte Kennlinie auf dem Schirm betrachten.

Eine einfache Schaltung zur Aufnahme der Ausgangskennlinie mit einem Oszilloskop zeigt *Bild 6.10.* An der Basis des Transistors liegt ein Spannungsteiler; er ist wie auch in den vorangegangenen Schaltungen an eine Gleichspannung angeschlossen.

Mit einem Strommesser wird die Basisstromstärke angezeigt. Die Emitter-Kollektorstrekke ist über einen ohmschen Widerstand und eine Diode an eine Wechselspannungsquelle angeschlosssen. Die Diode sorgt dafür, daß am Kollektor stets ein positiverPol liegt, so wie es für den Betrieb des Transistors erforderlich ist. Über dem ohmschen Widerstand in der Kollektorleitung fällt eine Spannung ab, die direkt proportional zum Kollektorstrom I_C ist. Diese Spannung wird an die Y-Platten des Oszilloskops gegeben.

Seine X-Platten sind an den Emitter und den Kollektor des Transistors angeschlossen. Daher wird in horizontaler Richtung die Emitter-Kollektorspannung *„geschrieben".* Aufgrund der angelegten Wechselspannung ändert sich die Emitter-Kollektorspannung von 0 V bis zum Maximalwert. Auf dem Schirm erscheint die Ausgangskennlinie, wobei der Anstieg steiler wirkt als in *Bild 6.9.* Dies liegt am Maßstab. Die Emitter-Kollektorspannung erreicht in dieser Schaltung fast 10 V und geht nicht nur bis 3 V.

Die Basisstromstärke kann man mit dem Spannungsteiler an der Basis verändern. Wenn die Basisstromstärke größer wird, bleibt zwar der typische Verlauf der Ausgangskennlinie erhalten, doch liegt sie insgesamt höher. Für jede Basisstromstärke ergibt sich ein anderer Verlauf. Deshalb ist es notwendig, bei der Ausgangskennlinie auch stets mit anzugeben, bei welcher Basisstromstärke sie aufgenommen wurde.

Für die Praxis gibt man ein ganzes Kennlinienfeld an *(Bild 6.11).* In einem Diagramm wird für möglichst viele Basisstromstärken die Ausgangskennlinie eingetragen. Man spricht dann vom **Ausgangskennlinienfeld.** Beim Ausgangskennlinienfeld von *Bild 6.11* ist die Basisstromstärke in Schritten von 0,05 mA verändert worden. Man bezeichnet die Basisstromstärke I_B als **Parameter** der Darstellung. Für einen bestimmten Parameterwert entsteht eine Kurve. Deren Verlauf ändert sich jedoch, wenn für den Parameter ein anderer Wert gewählt wird.

Werden die Ausgangskennlinien des Transistors bei verschiedenen Basisstromstärken in ein Diagramm eingetragen, so entsteht das Ausgangskennlinienfeld. Die

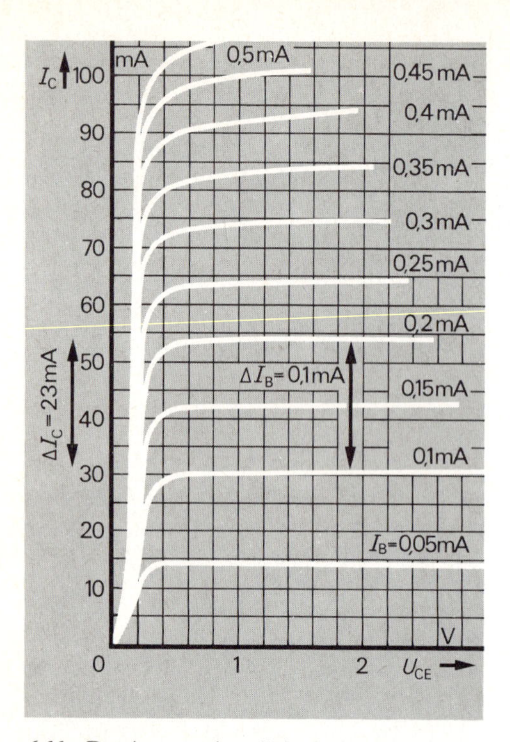

6.11 Das Ausgangskennlinienfeld des Transistors BC 140 mit der Basisstromstärke I_B als Parameter ist für die Arbeitsweise einer Verstärkerschaltung besonders wichtig.

Basisstromstärke ist Parameter in der Darstellung[1].

Aus dem Ausgangskennlinienfeld des Transistors lassen sich Stromsteuerkennlinie und Stromverstärkungsfaktor bestimmen. In *Bild 6.11* ist bei der Emitter-Basisspannung von 2 V durch einen Pfeil die Änderung der Basisstromstärke um 0,1 mA zwischen den Kennlinien mit I_B = 0,1 mA und I_B = 0,2 mA gekennzeichnet. Zu dieser Basisstromänderung gehört eine Änderung des Kollektorstroms von ungefähr 23 mA. Daraus erkennt man,

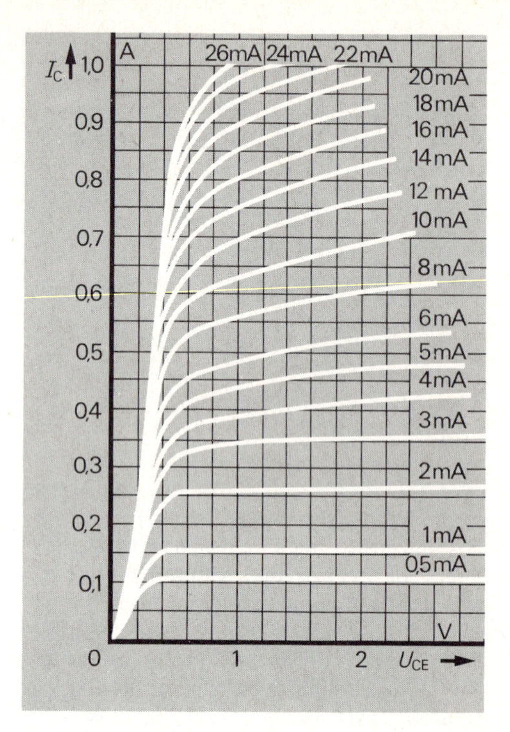

6.12 Zu Aufgabe 3

daß die Basisstromänderung um den Faktor 230 verstärkt worden ist. Der Stromverstärkungsfaktor beträgt also in diesem Beispiel 230.

Da die einzelnen Kennlinien im oberen Teil des Bildes enger liegen, läßt sich erkennen, daß die Stromverstärkung geringer wird. Dies haben Sie hoffentlich auch bei der *Aufgabe 1* des vorangehenden Abschnitts herausgefunden.

Aufgaben

1. Aus der Meßtabelle zur Aufnahme der Ausgangskennlinie kann der Widerstand der Emitter-Kollektorstrecke nach der Beziehung $R = U/I$ bestimmt werden. Bestimmen Sie diesen Widerstand für die abgedruckte Tabelle, und tragen Sie ihn graphisch in Abhängigkeit von der Emitter-Kollektorspannung in einem Diagramm ein.

[1] Manchmal wird das Ausgangskennlinienfeld des Transistors auch mit der Emitter-Basisspannung U_{BE} als Parameter angegeben.

2. Bestimmen Sie den Stromverstärkungsfaktor bei der Spannung $U_{CE} = 1$ V aus dem *Bild 6.11* mit $\Delta I_B = 0,2$ mA. Warum kann es bei dieser Aufgabe verschiedene Ergebnisse geben?

3. *Bild 6.12* zeigt das Ausgangskennlinienfeld des Transistors BC 140 für große Basisstromstärken. Ermitteln Sie aus dieser Darstellung die Stromsteuerkennlinie bei der Emitter-Kollektorspannung von $U_{CE} = 1,6$ V.

4. Die Aufnahme der Ausgangskennlinie mit einem Oszilloskop ist sehr praktisch. Entwickeln Sie einen Schaltplan, mit dem man grundsätzlich die Stromsteuerkennlinie eines Transistors auf dem Schirm eines Oszilloskops zeigen könnte.

6.3 Die Widerstandsgerade

Die Aufnahme des Ausgangskennlinienfelds eines Transistors nennt man **statisch.** Damit will man ausdrücken: Die Basisstromstärke wird bei jeder Meßreihe konstant gehalten. In einer Verstärkerschaltung dagegen muß der Transistor **dynamisch** gesehen werden, denn die Basisstromstärke bleibt nicht konstant. Welchen Einfluß die dynamische Betrachtungsweise auf die Arbeit mit den Transistorkennlinien hat, soll in diesem Abschnitt untersucht werden.

Die Stromsteuerkennlinie hat bereits gezeigt, daß die Kollektorstromstärke durch die Basisstromstärke verändert werden kann. Dabei hat sich die Leitfähigkeit der Emitter-Kollektorstrecke geändert. Bei großer Kollektorstromstärke hat diese Strecke einen kleinen Widerstand. Ist der Widerstand groß, so ergibt sich nur eine kleine Stromstärke in der Kollektorleitung. Man kann also sagen, daß durch die Basisstromstärke derWiderstand der Emitter-Kollektorstrecke gesteuert wird.

Der Transistor kann als steuerbarer Widerstand aufgefaßt werden.

Der Widerstand der Emitter-Kollektorstrecke kann in einem Versuch nach *Bild 6.13* experimentell bestimmt werden. Die Spannung U_{CE} ist der Spannungsabfall über dem Widerstand der Emitter-Kollektorstrecke. Da diese Strecke mit dem Arbeitswiderstand R_a in Reihe geschaltet ist, gibt nach der Beziehung $R = U/I$ der Quotient U_{CE}/I_C jeweils den Widerstand der Emitter-Kollektorstrecke an.

Erhöht man nun den Basisstrom durch den Spannungsteiler vor der Basis, so beobachtet man: Die Stromstärke I_C wird größer, und die Spannung U_{CE} wird kleiner. So ist insgesamt auch der Widerstand kleiner geworden.

Die Abhängigkeit der Stromstärke I vom Spannungsabfall U_T über dem Transistor kann

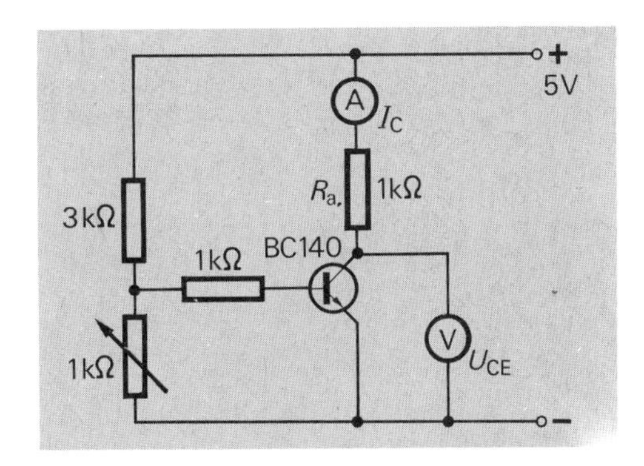

6.13 Der Transistor kann als steuerbarer Widerstand aufgefaßt werden. Je größer die eingestellte Spannung an der Basis wird, desto kleiner ist der Spannungsabfall über dem Transistor.

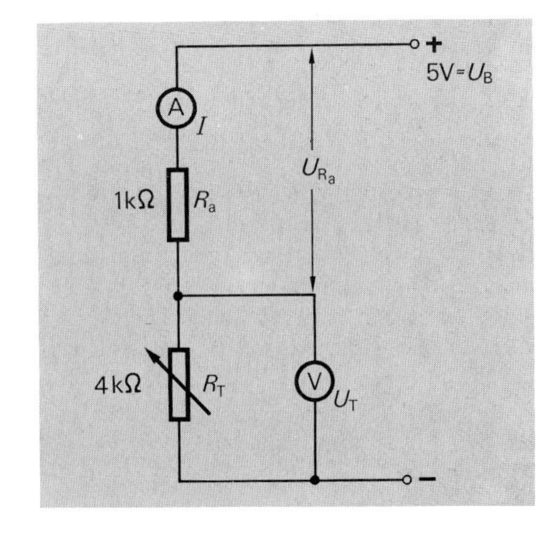

6.14 Je größer die Spannung U_T eingestellt wird, desto kleiner wird die Stromstärke I.

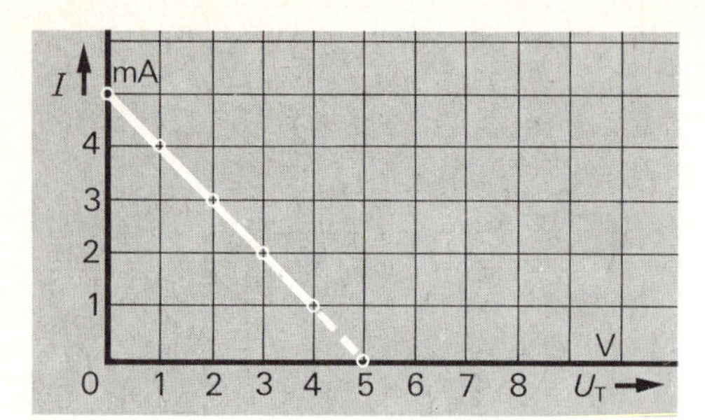

6.15 Die Lage der Widerstandsgeraden wird durch den Vorwiderstand R_a bestimmt.

am besten an einer Modellschaltung gezeigt werden (*Bild 6.14*). Dabei soll der regelbare Widerstand R_T den Widerstand der Emitter-Kollektorstrecke darstellen. Wird nun der regelbare Widerstand zu immer kleineren Werten hin eingestellt, so nimmt die Spannung U_T ab, und die Stromstärke I steigt[1]. (Etwas anderes kann man aufgrund der Gesetze am Spannungsteiler ja auch nicht erwarten). Die folgende Tabelle zeigt ein Meßbeispiel:

U_T in V	0,0	1,0	2,0	3,0	4,0
I in mA	5,0	4,0	3,0	2,0	1,0

Die graphische Darstellung dieser Meßreihe ergibt eine fallende Gerade, die **Widerstandsgerade** (*Bild 6.15*). Das Besondere dieser Widerstandsgeraden besteht darin, daß ihre Lage allein von der Größe des Arbeitswiderstands R_a abhängt, wenn die Betriebsspannung U_B konstant bleibt. Die Größe des regelbaren Widerstands hat keinen Einfluß auf die Lage der Geraden. Dies läßt sich am deutlichsten durch die Theorie am Spannungsteiler nachweisen: Die Summe der Teilspannungen U_T und U_{Ra} muß die Gesamtspannung U_B ergeben. Der Spannungsabfall U_{Ra} ergibt sich aus dem Produkt $R_a \cdot I$. Setzt man diese Beziehung ein, so ergibt sich die Gleichung $R \cdot I + U_T = U_B$. Wird nun die Gleichung nach der Stromstärke I aufgelöst, so entsteht die gesuchte Geradengleichung:

$$I = -\frac{U_T}{R_a} + \frac{U_B}{R_a}$$

für die Variablen I und U_T.
Der Anstieg der Geraden ist $-1/R_a$, und der Schnittpunkt mit der Stromstärkeachse beträgt U_B/R_a. Die Größe R_T des regelbaren Widerstands tritt in der Geradengleichung nicht auf.

> Die Widerstandsgerade liegt „fallend“ im Spannungs-Stromstärke-Diagramm. Ihre Lage wird allein durch den Arbeitswiderstand R_a bestimmt.

Die Größe des Arbeitswiderstands ist aus der Widerstandsgeraden leicht zu bestimmen. Dazu benötigt man nur die Achsenabschnitte, die die Gerade mit der Spannungs- und der Stromstärkeachse bildet. Im *Bild 6.15* liest man 5,0 V und 5 mA ab. Der Quotient 5,0 V/5 mA ergibt die Größe des Vorwiderstands, hier 1 k Ω.
Da bei jeder Transistorschaltung ein Arbeitswiderstand benutzt wird[1], muß die Widerstandsgerade im Kennlinienfeld berücksichtigt werden. In *Bild 6.16* ist in das Kennlinienfeld die Widerstandsgerade für einen Arbeitswiderstand von 33 Ω eingetragen. Alle Größen wie Basisstromstärke, Kollektorstromstärke und Emitter-Basisspannung müssen sich „längs“ dieser Geraden bewegen. Bei einer Basisstromstärke von 0,1 mA ergeben sich am Punkt B eine Kollektorstromstärke von 31 mA und eine Emitter-Kollektorspannung von 2,0 V. Bei einer Änderung der Basisstromstärke um 0,2 mA wird auf der Widerstandsge-

[1]) Damit Sie diese Untersuchung nicht mit der Aufnahme der Ausgangskennlinie verwechseln, wird die Stromstärke nur mit „I“ und die Spannung mit „U_T“ bezeichnet.

[1]) Bei dieser Art der Untersuchung gilt das nur für die Emitterschaltung eines Transistors.

raden der Punkt A erreicht. Zu diesem Punkt gehören die Kollektorstromstärke 71 mA und die Emitter-Kollektorspannung 0,65 V. Eine Änderung der Basisstromstärke um 0,2 mA bewirkt in diesem Beispiel eine Änderung der Kollektorstromstärke um 40 mA. Bei rein statischer Betrachtung hätte sich eine Änderung der Kollektorstromstärke um 42 mA ergeben müssen.

Im Ausgangskennlinienfeld bewegen sich die Werte für die Basisstromstärke, die Kollektorstromstärke und die Emitter-Kollektorspannung stets längs der Widerstandsgeraden.

Beim Einsatz von Transistoren muß auch die **Leistung** des Transistors berücksichtigt werden. Für den Typ BC 140 wird z. B. als *„maximale Verlustleistung"* der Wert 3,7 Watt angegeben. Dies bedeutet, daß das Produkt aus Kollektorstromstärke I_C und Emitter-Kollektorspannung U_{CE} nicht den Wert von 3,7 Watt überschreiten darf. Sonst würde sich der Transistor zu stark erwärmen und dadurch zerstört werden.

Die elektrische Leistung P ist das Produkt aus der Spannung U und der Stromstärke I. Sie läßt sich nach der Formel $P = U \cdot I$ berechnen. Hat die Leistung einen konstanten Wert, so ergibt die graphische Darstellung der Stromstärke in Abhängigkeit von der Spannung eine Hyperbel, die **Leistungshyperbel.** Auch dieser Kurvenverlauf wird häufig in das Kennlinienfeld eingetragen (*Bild 6.17*). Der oberhalb der Hyperbel gelegene Bereich ist *„verboten"*, weil ein Betrieb des Transistors dort zur Zerstörung des Kristallaufbaus führen würde. Der Arbeitswiderstand muß deshalb stets so gewählt werden, daß die Widerstandsgerade nicht durch den verbotenen Bereich führt.

Die Kollektorstromstärke darf bei einem Transistor nicht zu groß werden, weil er sonst durch Eigenerwärmung zerstört wird. Die Grenze wird im Kennlinienfeld durch die Leistungshyperbel angegeben.

Arbeitet der Transistor als Schalter, so sind im Kennlinienfeld nur die beiden Zustände *leitend* (A) und *nicht leitend* (B) möglich *(Bild*

6.16 Die Änderung der Emitter-Kollektorspannung ergibt sich anhand der Widerstandsgeraden.

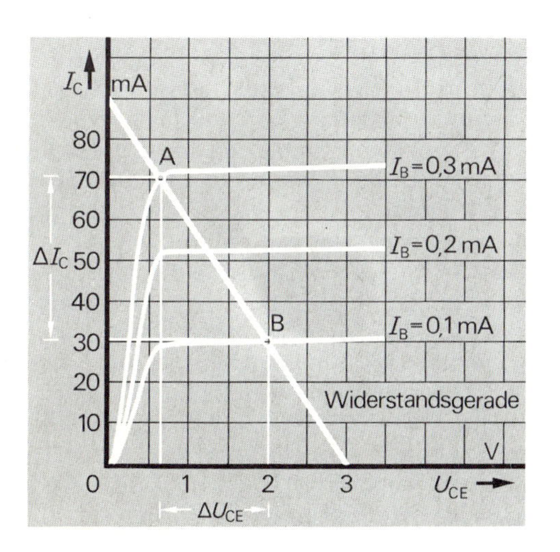

6.17 Oberhalb der Leistungshyperbel darf ein Transistor nicht betrieben werden, da er sonst durch zu starke Erwärmung zerstört wird.

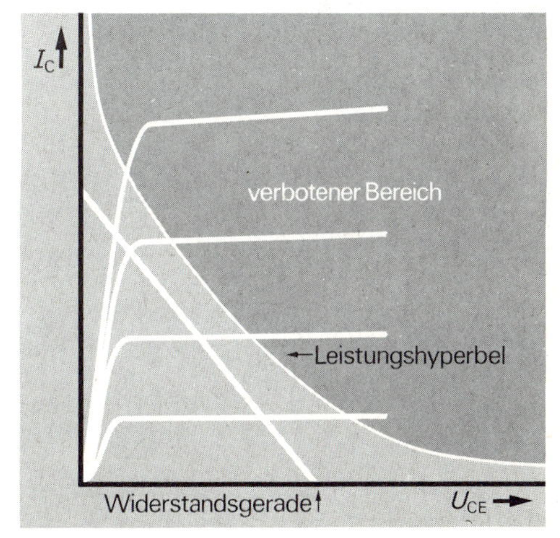

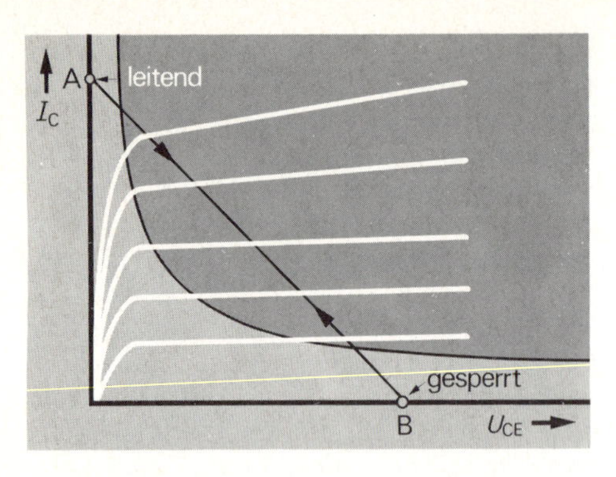

6.18 Wird ein Transistor als Schalter betrieben, so darf die Leistungshyperbel des Kennlinienfelds „überschritten“ werden, weil der Schaltvorgang nur kurze Zeit dauert.

6.18). Der Übergang vom einen zum anderen Zustand erfolgt sehr schnell. Deshalb darf während des kurzen Schaltvorgangs auch ausnahmsweise die Leistungshyperbel überschritten werden.

Aufgaben

1. Im Schaltplan nach *Bild 6.19* werden für den Widerstand R verschiedene Werte eingesetzt, und

6.19 Zu Aufgabe 1

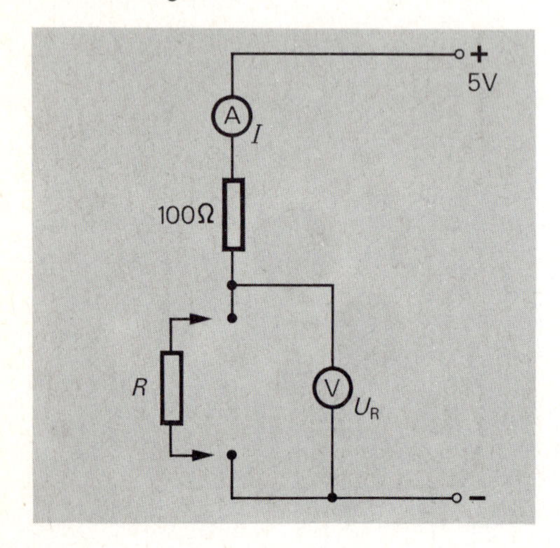

zwar a) 25 Ω b) 50 Ω c) 100 Ω d) 200 Ω. Berechnen Sie die Stromstärke I und die Spannung U_R. Stellen Sie I in Abhängigkeit von U_R graphisch dar.

2. Der Arbeitswiderstand läßt sich aus der graphischen Darstellung als Quotient der „Achsenabschnitte“ berechnen. Begründen Sie dies Verfahren aufgrund der hergeleiteten Geradengleichung.

3. Für das Ausgangskennlinienfeld nach *Bild 6.12* wird ein Arbeitswiderstand von 3 Ω angenommen. Bestimmen Sie die dynamische Stromverstärkung, wenn die Basisstromstärke von 6 mA auf 18 mA erhöht wird. Welcher Wert ergibt sich für die Stromverstärkung, wenn nur statisch gearbeitet wird?

4. Ein Transistor hat die maximale Verlustleistung von 500 mW. Stellen Sie seine Leistungshyperbel graphisch dar.

6.4 Der Arbeitspunkt einer Verstärkerschaltung

In *Abschnitt 2.4* wurde gezeigt, wie mit einer Glühlampe als Sender und einem Fotoelement als Empfänger eine Nachricht mit einem Lichtbündel übertragen werden kann. Die Überlegungen zu diesem Verfahren sollen nun etwas vertieft werden.

Besteht die Nachricht im einfachsten Fall aus einer sinusförmigen Wechselspannung, so ist für den Betrieb der Glühlampe eine Schaltung nach *Bild 6.20a* ungeeignet. Die Helligkeit der Lampe schwankt zwar im „Takt“ der Wechselspannung, doch leuchtet die Lampe beim Maximum der Spannung genau so hell wie beim Minimum. Beim Empfänger kann daher nicht unterschieden werden, ob gerade die obere oder die untere Halbwelle der Wechselspannung gesendet wird.

Die Übertragung der Nachricht gelingt erst, wenn der **Arbeitspunkt** der Schaltung verschoben wird. Dies kann z. B. durch eine Gleichspannung erreicht werden, die in Serie in den Stromkreis geschaltet wird. Hat die Wechselspannung den Wert Null, so leuchtet die Lampe bereits auf. Ihre Helligkeit entspricht der Betriebsspannung von 5 V (*Bild 6.20b).* Wird nun die Wechselspannung überlagert, so

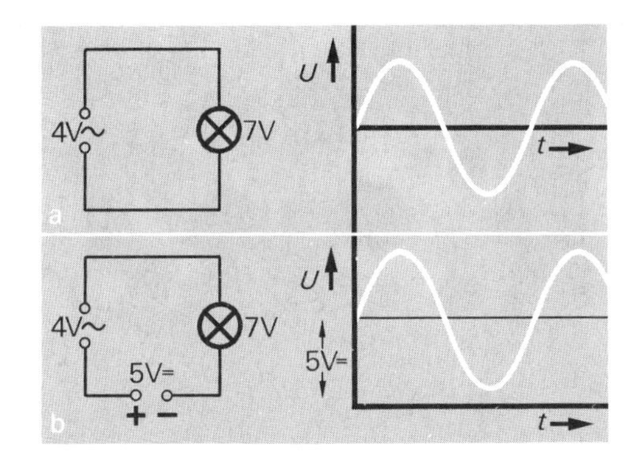

6.20 Durch eine Vorspannung von 5 V = wird die Sinuskurve nach oben verschoben. Die Glühlampe hat einen anderen Arbeitspunkt erhalten.

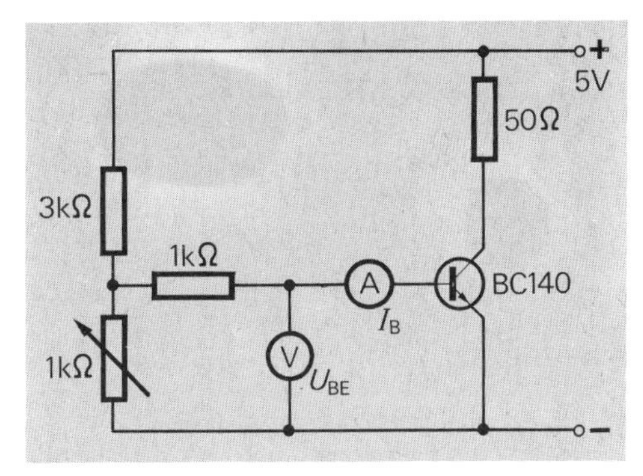

6.21 Zur Messung der Eingangskennlinie eines Transistors wird die Basisstromstärke I_B in Abhängigkeit von der Emitter-Basisspannung U_{BE} gemessen.

leuchtet die Lampe bei der oberen Halbwelle heller und bei der unteren Halbwelle dunkler als „normal". Der Empfänger kann jetzt Maxima von Minima unterscheiden. Man sagt: Der Arbeitspunkt der Glühlampe ist auf 5 V Gleichspannung eingestellt worden.
Auch bei einem Transistor muß ein Arbeitspunkt eingestellt werden. Besonders wichtig ist die Einstellung des Arbeitspunktes bei Verstärkerschaltungen. Dies kann am eindrucksvollsten an der **Eingangskennlinie** eines Transistors aufgezeigt werden.
Die Eingangskennlinie eines Transistors beschreibt denZusammenhang zwischen der Basisstromstärke I_B und der Emitter-Basisspannung U_{BE}. Da diese Größen am Eingang der Schaltung gemessen werden, ist die Bezeichnung *Eingangskennlinie* gewählt worden.
Nach dem Schaltplan von *Bild 6.21* kann die Abhängigkeit der Basisstromstärke I_B von der Emitter-Basisspannung experimentell untersucht werden. Werden mit dem regelbaren Widerstand verschiedene Spannungswerte eingestellt, so ergibt sich z. B. die folgende Meßtabelle:

U_{BE} in V	0,5	0,6	0,7	0,8
I_B in mA	0,01	0,05	0,21	0,39

Aus der graphischen Darstellung in *Bild 6.22* können Sie erkennen, daß bis zu einer Emitter-Basisspannung von 0,4 V praktisch kein Basisstrom fließt. Die Kurve steigt dann leicht gekrümmt an und geht ab etwa 0,6 V in einen linearen Verlauf über. Der Kurvenverlauf entspricht der Durchlaßkennlinie einer Siliziumdiode.

Die Eingangskennlinie eines Transistors verläuft von einer Emitter-Basisspannung U_{BE} = 0,6 V ab linear.

Soll mit dem Transistor eine Wechselspannung verstärkt werden, so muß der Arbeitspunkt der Schaltung in diesen linearen Bereich der Eingangskennlinie gelegt werden. In *Bild 6.22* ist zur Erklärung die Eingangskennlinie in drei Bereiche unterteilt worden: Bewirkt die Wechselspannung eine Änderung im Bereich I, so ändert sich die Basisstromstärke überhaupt nicht. Dann kann sich auch die Kollektorstromstärke nicht ändern, so daß keine Verstärkung auftritt.
Auch im Bereich II ist das Ergebnis einer Verstärkung noch unbefriedigend. Zwar ändert sich die Basisstromstärke; weil hier jedoch die Kennlinie gekrümmt verläuft, treten Verzerrungen auf (vgl. *Bild 6.5*). Erst im linearen Teil

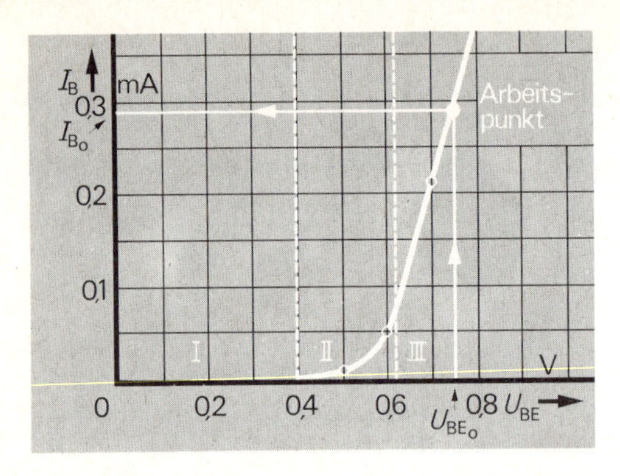

6.22 Die Eingangskennlinie eines npn-Transistors zeigt den typischen Verlauf einer Siliziumdiode.

6.23 Nur Bereich IV ist zum Verstärkerbetrieb geeignet. Auf der Widerstandsgeraden wird in diesem Bereich durch I_{C_0} der Arbeitspunkt A festgelegt.

der Kennlinie (Bereich III) ist die Änderung der Basisstromstärke proportional zur Änderung der Emitter-Basisspannung. In diesen Bereich muß daher bei einem Verstärker der Arbeitspunkt gelegt werden. Man erreicht es durch einen Spannungsteiler an der Basis. Die Größe der Widerstände muß so gewählt werden, daß sich an der Basis eine *Basisvorspannung* von etwa 0,7 V einstellt.

Der Arbeitspunkt eines Transistorverstärkers muß am Eingang so eingestellt werden, daß die Basisvorspannung U_{BE_0} im linearen Teil der Eingangskennlinie liegt.

Auch am Ausgang einer Verstärkerschaltung muß der Arbeitspunkt richtig gewählt werden. In *Bild 6.23* ist noch einmal das Ausgangskennlinienfeld eines Transistors dargestellt. In der Zeichnung sind die verschiedenen Bereiche I bis IV gekennzeichnet: Der Bereich I ist für einen Verstärkerbetrieb ungeeignet, weil die Kollektorstromstärke zu klein ist: der Transistor ist gesperrt. Im Bereich II ist der Transistor ständig leitend. Dieser Zustand kommt für einen Verstärkerbetrieb ebenfalls nicht in Frage. Der Bereich III liegt oberhalb der Leistungshyperbel und darf nur in Ausnahmefällen kurzzeitig „benutzt" werden. Für die richtige Wahl des Arbeitspunktes bleibt der Bereich IV übrig. In diesem Gebiet verlaufen die Ausgangskennlinien fast linear.

Der Arbeitswiderstand R_a in der Kollektorzuleitung muß daher so gewählt werden, daß die Widerstandsgerade durch den Bereich IV verläuft. Da durch die Einstellung eines Arbeitspunktes am Eingang über die Eingangskennlinie der Basisruhestrom I_{B_0} festgelegt ist, ergibt der Schnittpunkt der Widerstandsgeraden mit der zu I_{B_0} gehörigen Ausgangskennlinie den Arbeitspunkt A. Dadurch sind auch der Kollektorruhestrom I_{C_0} und die *Kollektorleerlaufspannung* U_{CE_0}[1] festgelegt.

Für die Wahl des Arbeitspunktes am Ausgang muß bedacht werden, daß der Transistor weder ständig *leitend* noch *nicht leitend* ist, auch darf die Leistungshyperbel nicht überschritten werden. Der Arbeitspunkt hat im linearen Bereich der Ausgangskennlinien zu liegen.

Wird der Arbeitspunkt nicht richtig eingestellt, treten beim Verstärker Verzerrungen auf. Es kann sogar der Fall eintreten, daß die Schal-

---

[1]) Man spricht von Leerlaufspannung, weil dann am Eingang des Verstärkers noch keine Wechselspannung anliegt.

tung überhaupt nicht funktioniert. Im nächsten Abschnitt soll erläutert werden, wie man durch die Wahl der Widerstände zu einer richtigen Arbeitspunkteinstellung kommt.

Aufgaben

1. Wird ein Transistor als Schalter eingesetzt, ist meistens keine besondere Arbeitspunkteinstellung erforderlich. Warum nicht?

2. Bei der Eingangskennlinie nach *Bild 6.22* sei der Arbeitspunkt bei $U_{BE_0} = 0{,}6$ V festgelegt. Die Emitter-Basisspannung U_{BE} ändere sich sinusförmig von 0,5 V bis 0,7 V. Konstruieren Sie anhand der Kennlinie den zeitlichen Verlauf der Basisstromstärke I_B.

3. Man sagt: Der Arbeitspunkt wird *statisch* festgelegt. Was ist damit gemeint?

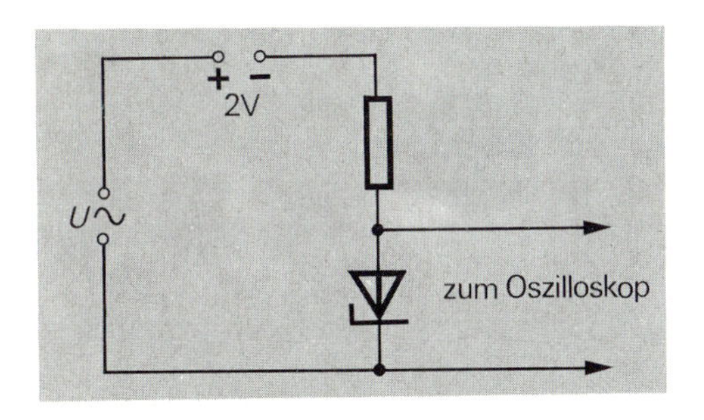

6.24 Zu Aufgabe 4

4. Im Schaltplan nach *Bild 6.24* wird eine Z-Diode mit einer Zener-Spannung $U_Z = 5$ V benutzt. Skizzieren Sie das Schirmbild auf einem angeschlossenen Oszilloskop, wenn die Wechselspannung eine Amplitude von a) 2 V, b) 3 V und c) 4 V hat. Begründen Sie Ihre Überlegung.

6.5 Ein Transistorverstärker

Zur genauen Erklärung der Arbeitsweise einer Verstärkerschaltung werden sämtliche Kennlinien benötigt. Aus dem Verlauf der Kennlinien kann man bestimmen, wie die Widerstände der Schaltung zu wählen sind. Dieses Verfahren soll am einfachen Beispiel eines einstufigen Verstärkers aufgezeigt werden. Dabei wird nur ein Transistor benutzt.

Betrachten Sie bitte das *Bild 6.25* ganz genau. Darin sind die Eingangskennlinie, die Stromsteuerkennlinie und das Ausgangskennlinienfeld in einem Diagramm zusammengefaßt. Besonders zu beachten sind die unterschiedlichen Einteilungen der Achsen. Zu Ihrer Orientierung: Im dritten Quadranten ist die Eingangskennlinie dargestellt, der zweite Quadrant zeigt die Stromsteuerkennlinie, und im ersten Quadranten ist das Ausgangskennlinienfeld des Transistors zu erkennen.
Zunächst soll die statische Einstellung der Schaltung betrachtet werden: Als Basisvorspannung wird der Wert $U_{BE_0} = 0{,}7$ V gewählt. Durch die Eingangskennlinie ist damit der Basisruhestrom $I_{B_0} = 0{,}21$ mA festgelegt. Anhand der Stromsteuerkennlinie ergibt sich ein Kollektorruhestrom von $I_{C_0} = 54$ mA, so daß über die Widerstandsgerade eine Emitter-Kollektorruhespannung von $U_{CE_0} = 1{,}4$ V auftritt. Um diese Werte zu erhalten, wird der Spannungsteiler an der Basis so dimensioniert, daß das Widerstandsverhältnis bei einer Betriebs-

6.25 Zur Untersuchung der Arbeitsweise einer Verstärkerschaltung werden Eingangskennlinie, Stromsteuerkennlinie und Ausgangskennlinienfeld in einem Diagramm zusammengefaßt.

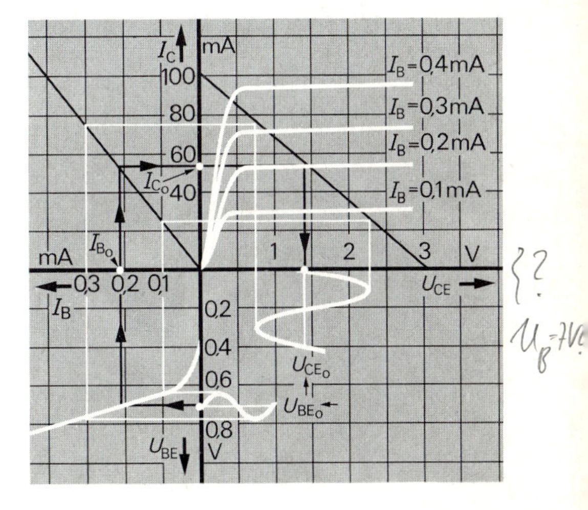

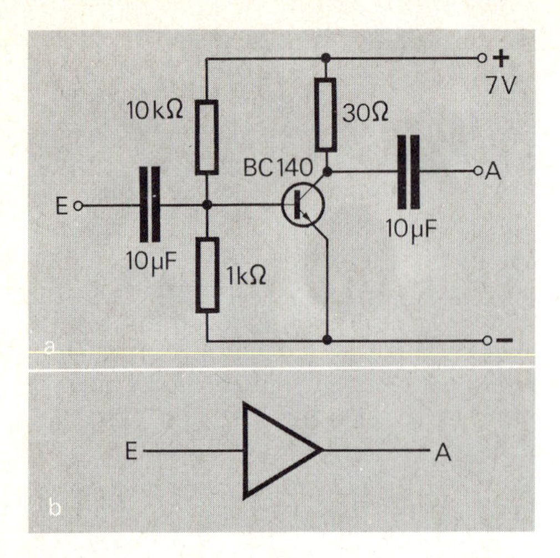

6.26 (a) Die Dimensionierung einer Verstärkerschaltung ist nur anhand der Kennlinien möglich. (b) Schaltsymbol für einen Verstärker

spannung von 7 V etwa 10 : 1 beträgt. Im *Bild 6.26a* sind daher die Basiswiderstände mit 10 k Ω und 1 kΩ angegeben. Die eingetragene Widerstandsgerade wird mit einem Widerstand von 30 Ω in der Kollektorzuleitung erreicht.

> Die statische Einstellung einer Verstärkerschaltung erfolgt anhand eines Diagramms, in dem die Eingangskennlinie, die Stromsteuerkennlinie und das Ausgangskennlinienfeld eingetragen sind.

Die zu verstärkende Wechselspannung wird über einen Kondensator ($C = 10\ \mu F$) an die Basis des Transistors gelegt. Die Amplitude betrage 0,05 V. Dadurch entsteht eine Änderung der Basisstromstärke um 0,2 mA (*Bild 6.25).* Mit Hilfe der Stromsteuerkennlinie konstruiert man eine Änderung der Kollektorstromstärke um 54,5 mA und erhält aus der Widerstandsgeraden im Ausgangskennlinienfeld eine Änderung der Emitter-Kollektorspannung um 1,55 V. Im dynamischen Betrieb erreicht die Schaltung nach *Bild 6.26* daher eine Spannungsverstärkung von 31.

Um die eingestellte Gleichspannung von nachfolgenden Schaltungen fernzuhalten, wird die verstärkte Wechselspannung in der Regel über einen Kondensator „ausgekoppelt". Allgemein benutzt man für einen Verstärker das Schaltzeichen nach *Bild 6.26b.*
Das Foto von *Bild 6.27* zeigt eine Versuchsanordnung für einen einstufigen Verstärker. Auf dem Oszilloskop sind die Eingangsspannung und die Ausgangsspannung dargestellt.[1] Auf dem Foto erkennt man eine besondere Eigenschaft eines einstufigen Verstärkers: Die Ausgangsspannung ist um 180° gegenüber der Eingangsspannung verschoben. Dies bedeutet: Die Ausgangsspannung hat gerade dort ihr Maximum, wo bei der Eingangsspannung das Minimum vorliegt, und umgekehrt. Man spricht davon, daß der Verstärker das Signal **invertiert.**

> Bei einem einstufigen Verstärker ist die Ausgangsspannung gegenüber der Eingangsspannung um 180° phasenverschoben.

Für die kommerzielle Anwendung von Verstärkern ist nicht nur die Spannungsverstärkung wichtig. Von besonderem Interesse ist die Leistungsverstärkung. Diese Problematik soll nicht weiter untersucht werden. Man benötigt jedoch fast immer mehrere Verstärkerstufen, um einen in der Technik einsatzfähigen Verstärker zu erstellen. In *Bild 6.28* ist das Foto einer vollständigen Verstärkerschaltung gezeigt. Die Leistungstransistoren steuern den Lautsprecher an. Durch die große Stromstärke werden diese Transistoren so stark erwärmt, daß durch Kühlbleche für eine zureichende Wärmeabfuhr gesorgt werden muß.
Die Erwärmung der Transistoren macht auch Schwierigkeiten bei der Einstellung des Ar-

[1]) Die Verstärkung der Schaltung kann dem Oszillogramm nicht entnommen werden, weil auf dem Oszilloskop die Verstärkungen der einzelnen Kanäle für die Aufnahme unterschiedlich gewählt werden mußten.

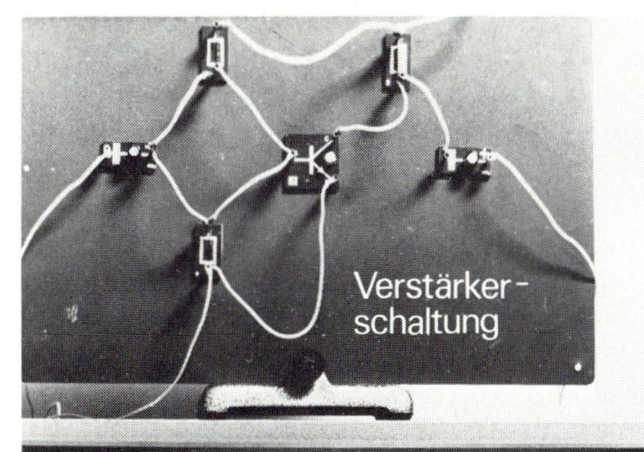

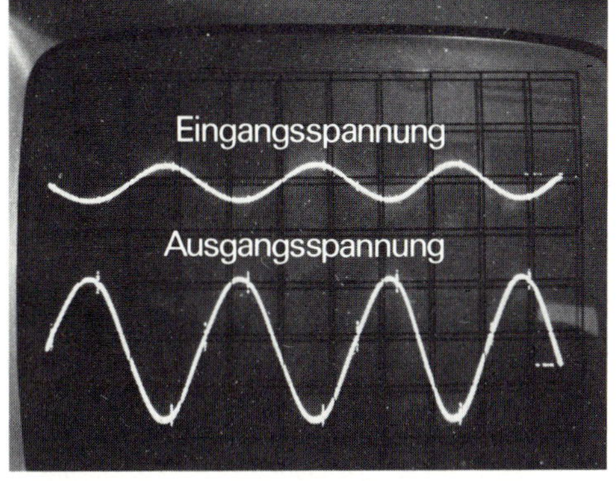

6.27 Bei einem einstufigen Verstärker ist die Ausgangsspannung gegenüber der Eingangsspannung um 180° phasenverschoben.

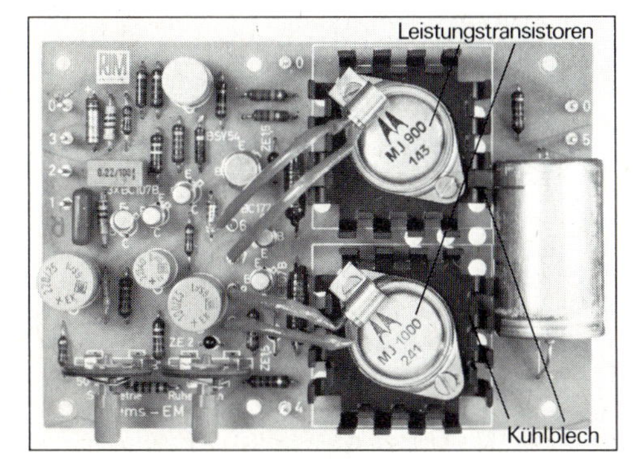

6.28 In der Praxis besteht ein Verstärker meist aus mehreren Stufen. Die Leistungstransistoren müssen mit Kühlblechen versehen werden.

beitspunktes. Erhöht sich nämlich während des Betriebs die Temperatur am Transistor, so steigen sowohl die Basisstromstärke als auch

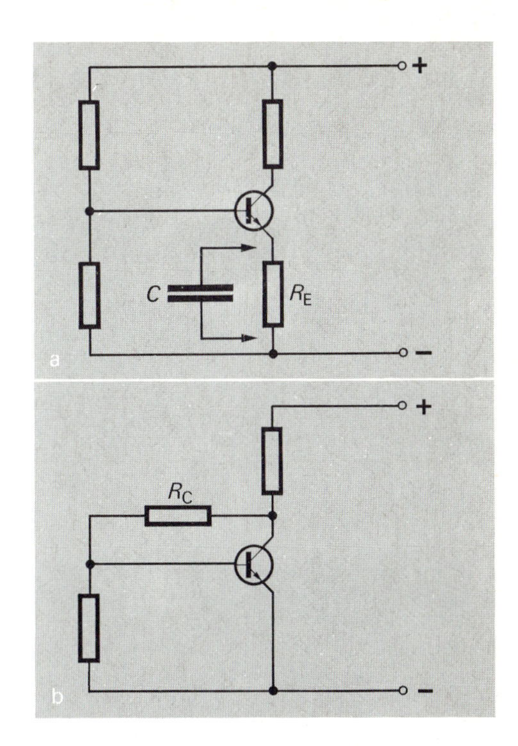

6.29 Mit einem Emitterwiderstand R_E (a) oder einem Rückkopplungswiderstand R_C (b) kann die Temperatur stabilisiert werden.

die Kollektorstromstärke an. Dies führt zu einer Verschiebung des Arbeitspunktes, die nicht „eingeplant" war. Deshalb sind in der Regel bei einem Verstärker zusätzliche Maßnahmen zur Temperaturstabilisierung erforderlich.

In *Bild 6.29a* ist in die Schaltung zusätzlich ein Widerstand R_E in die Emitterzuleitung aufgenommen worden. Steigt nun die Emitterstromstärke durch Eigenerwärmung des Transistors an, so fließt durch den Emitterwiderstand ein größerer Strom. Dadurch wird der Spannungsabfall über diesem Widerstand größer, so daß die *effektive* Emitter-Basisspannung niedriger wird. Darum wird auch die Stromstärke kleiner. Man spricht in diesem Fall von einer **Stromgegenkopplung.** Da diese Maßnahme nur für Gleichstrom erforderlich ist, wird dem Widerstand meist ein Kondensator parallel geschaltet, so daß die Arbeitsweise für den Wechselstrombetrieb ungestört bleibt.

Eine Stabilisierung gegen die Temperaturschwankungen kann auch durch eine **Spannungsgegenkopplung** erfolgen *(Bild 6.29b)*. In einer solchen Schaltung liegt kein fester Spannungsteiler vor der Basis, sondern die Basisvorspannung stellt sich über einen Widerstand R_C ein. Wird der Emitter-Kollektorstrom durch Temperaturerhöhung größer, so sinkt die Emitter-Kollektorspannung. Über die Rückkopplung durch den Widerstand R_C nimmt dann die Basisvorspannung ab, so daß schließlich auch die Kollektorstromstärke zurückgeht. Dies wirkt einer weiteren Erwärmung des Transistors entgegen.

Zur Stabilisierung gegenüber Temperaturerhöhung kann eine Verstärkerschaltung durch Stromgegenkopplung mit einem Widerstand in der Emitterzuleitung oder durch Spannungsgegenkopplung mit einem Widerstand in der Rückkopplung zur Basis ergänzt werden.

In praktischen Schaltungen findet man häufig auch beide Maßnahmen zur Stabilisierung der Temperatur. Eine vertiefte Betrachtung zeigt, daß durch eine Rückkopplung die Kennlinien linearer verlaufen, als sie im vorangehenden Abschnitt dargestellt wurden. Auf diese Weise können Verzerrungen beim Verstärker vermieden werden.

Aufgaben

1. Zur Einstellung der Basisvorspannung ist im *Bild 6.26a* ein Spannungsteiler mit einem Verhältnis 10 : 1 benutzt worden. Warum sind die Widerstände nicht mit den Werten 1 Ω und 0,1 Ω ausgewählt worden? Auch wenn der Spannungsteiler zu hochohmig ausgelegt wird, arbeitet die Schaltung nicht. Warum nicht?

2. In *Bild 6.30a* sind zwei Verstärker hintereinander geschaltet worden. Wie groß ist die Phasenverschiebung zwischen dem Eingangs- und dem Ausgangssignal? Entwickeln Sie einen Schaltplan für einen zweistufigen Verstärker.

3. Wird die Amplitude der Wechselspannung am Eingang eines Verstärkers zu groß gewählt, so erscheint am Ausgang ein verzerrter Verlauf. Erläutern Sie diesen Sachverhalt anhand von *Bild 6.25*.

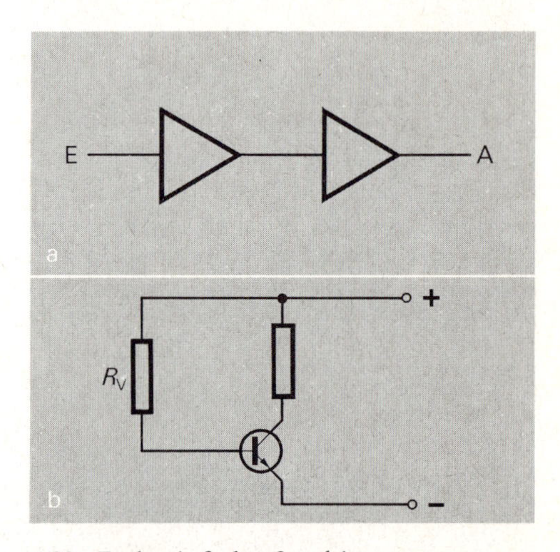

6.30 Zu den Aufgaben 2 und 4

4. In der Schaltung nach *Bild 6.30b* wird die Basis des Transistors nur über den Widerstand R_V verbunden. Erklären Sie, warum dennoch ein Spannungsteiler an der Basis des Transistors vorliegt. Wie arbeitet die Schaltung?

7. Der Operationsverstärker

Ein **Operationsverstärker** hat nur so viel mit einer chirurgischen Operation zu tun, als daß dieses elektronische Bauelement auch in medizinischen Meßgeräten eingesetzt wird. Die Bezeichnung „Operationsverstärker" beruht auf der Eigenschaft, mit diesem Verstärker Rechenoperationen durchführen zu können. Seine Arbeitsweise ist dabei grundsätzlich anders als die der digitalen Schaltungen.

Operationsverstärker sind integrierte Bauelemente. In einem Gehäuse, das nicht größer als ein Transistor ist, befindet sich eine vollständige Verstärkerschaltung. Jedoch werden hier nicht einzelne Bauelemente wie Widerstände, Kondensatoren oder Transistoren zusammengesetzt. Die Schaltung besteht vielmehr aus einem *„Chip"*, bei dem die Eigenschaften vieler einzelner Bauelemente durch technisch komplizierte Verfahren in einem einzigen Halbleiterstück verwirklicht werden.

Leider läßt sich in einer einführenden Darstellung die vielseitige Ansatzmöglichkeit des

Operationsverstärkers nicht aufzeigen. So werden Sie nur den grundsätzlichen Aufbau und einige besonders einfache Schaltungen kennenlernen.

7.1 Der Differenzverstärker

Verstärker werden nicht nur in der Unterhaltungselektronik benutzt, sondern auch in der Meßtechnik. Sie sind erforderlich, wenn die zu messende Größe nur sehr kleine Änderungen aufweist. Soll z. B. eine Spannung in der Größenordnung Millivolt (mV) gemessen werden, so läßt sich ein Drehspulmeßgerät nicht mehr verwenden. Die Empfindlichkeit dieser Geräte reicht nicht aus, um einen ablesbaren Zeigerausschlag zu erhalten. Erst durch einen **Meßverstärker** *(Bild 7.1)* kann eine brauchbare Anzeige erfolgen.
Einfache Meßverstärker arbeiten als **Differenzverstärker.** Das Prinzip eines Differenzverstärkers läßt sich bereits an einer Schaltung mit Widerständen erklären. (Eine Verstärkung tritt dabei allerdings noch nicht auf.)
In *Bild 7.2a* ist eine Reihenschaltung zweier Widerstände dargestellt, in der die Stromstärke durch ein Meßgerät angezeigt wird.
Mit dem regelbaren Widerstand R_2 kann die Stromstärke verändert werden. Bei den im Schaltplan angegebenen Werten kann sich die Stromstärke zwischen 0,3 mA und 1,0 mA verändern. Hat der Strommesser z. B. einen Meß-

7.1 Bei schwierigen Messungen werden in der Elektronik Meßverstärker eingesetzt. Ihre Arbeitsweise beruht auf dem Prinzip des Differenzverstärkers.

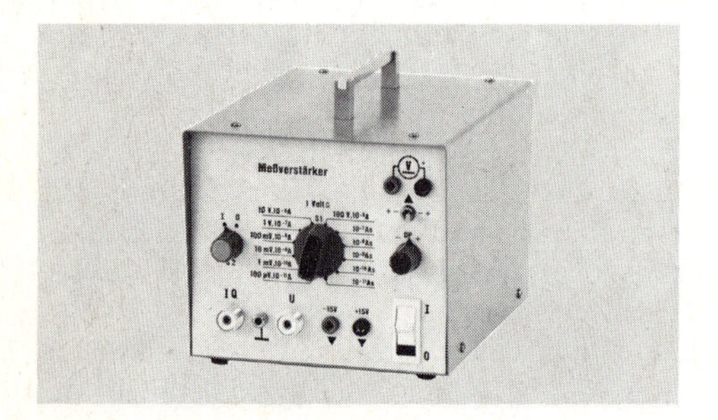

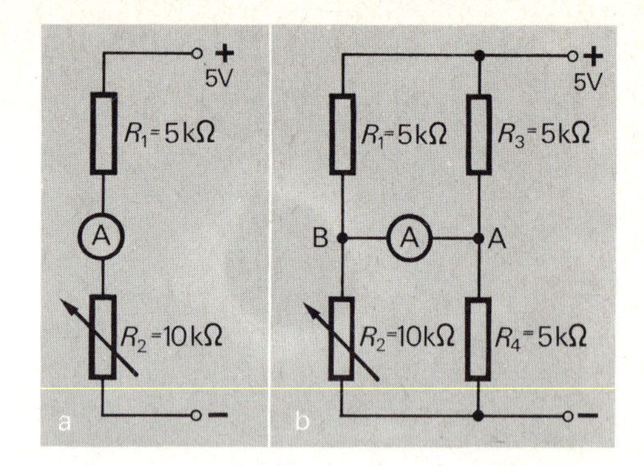

7.2 (a) Die Änderung des Widerstands R_2 bewirkt eine Änderung der Stromstärke. (b) Bei einer Brückenschaltung ist die Empfindlichkeit der Schaltung größer als bei einer einfachen Reihenschaltung von Widerständen.

bereich von 3 mA, so bewegt sich der Zeiger des Gerätes nur im unteren Drittel der Skala. Bei gleicher Änderung am regelbaren Widerstand erhält man erheblich größere Zeigerausschläge, wenn zu den beiden Widerständen eine weitere Reihenschaltung aus Widerständen parallel geschaltet wird *(Bild 7.2b)*. Der Strommesser wird dabei zwischen die Schaltpunkte A und B geschaltet. Diese Anordnung bezeichnet man als **Brückenschaltung.**
Wie arbeitet die Schaltung? Ist der regelbare Widerstand genau auf den Wert 5 kΩ eingestellt, so ergibt sich nach den Gesetzen am Spannungsteiler an den Schaltpunkten A und B die gleiche Spannung (gegenüber dem Minuspol). Deshalb kann kein *„Querstrom"* fließen. Der Zeiger des Meßgerätes steht auf Null. Wird nun jedoch der Wert des regelbaren Widerstands R_2 erhöht, so fällt an ihm eine größere Spannung ab als am Widerstand R_4. Dadurch entsteht zwischen den Schaltpunkten A und B ein Unterschied in der Spannung. Der Strommesser zeigt einen Querstrom an[1]. Auf seine theoretische Berechnung soll hier verzichtet werden.
Der Vorzug einer Brückenschaltung besteht

[1]) Die Stärke des Querstroms ist auch vom Innenwiderstand des Strommessers abhängig.

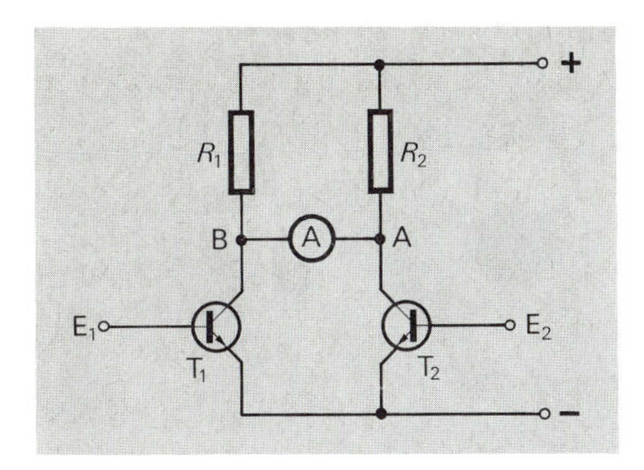

7.3 Ein Differenzverstärker ist im Prinzip eine Brückenschaltung mit zwei Transistoren. Er hat zwei Eingänge E_1 und E_2, die jeweils mit der Basis der Transistoren verbunden sind.

darin, daß Strommesser mit einem sehr kleinen Meßbereich gewählt werden können. Ist der Meßbereich z.B. 50 μA, so beobachtet man bereits bei geringfügiger Änderung am regelbaren Widerstand eine große Änderung des Zeigerausschlags: Bei einem Wert von 6 kΩ ist bereits der Vollausschlag erreicht. Hat R_2 den Wert 5 kΩ, so steht der Zeiger auf Null.

Bei einer Brückenschaltung bewirken kleine Änderungen des regelbaren Widerstands große Änderungen des Zeigerausschlags am Strommesser.

Beim Differenzverstärker besteht der „Witz" darin, daß zwei Widerstände der Brückenschaltung durch Transistoren ersetzt werden (*Bild 7.3*). Durch die Basisanschlüsse E_1 und E_2 kann jeweils der Widerstand der Emitter-Kollektorstrecke verändert werden. Die Schaltung hat also zwei Eingänge.

Angenommen sei, daß die Widerstände R_1 und R_2 den gleichen Wert haben. Dann liegt so lange zwischen den Schaltpunkten A und B keine Spannung wie die beiden Transistoren gleiche Emitter-Kollektorwiderstände haben. Die Leitfähigkeit dieser Widerstände kann durch die Basisspannungen gesteuert werden. Sind die Spannungen an den Eingängen E_1 und E_2 gleich, so ergibt sich kein Ausschlag am Strommesser. Die Differenz der Spannungen ist Null. Werden beide Spannungen um den gleichen Betrag erhöht, so bleibt ihre Differenz Null.

Der Strommesser zeigt noch keinen Ausschlag, weil sich die Widerstände der Emitter-Kollektorstrecke gleichmäßig verringert haben. Erst wenn zwischen den Spannungen an E_1 und E_2 eine Differenz entsteht, sind die Widerstände der Emitter-Kollektorstrecken verschieden. Dadurch entsteht zwischen den Schaltpunkten A und B eine Spannung; der Strommesser zeigt einen Ausschlag an. Die Differenz der Eingangsspannungen ist also ein Maß für die Größe des Zeigerausschlags. Deshalb nennt man diese Schaltung *Differenzverstärker*.

Ein Differenzverstärker besteht aus einer Brückenschaltung, bei der zwei Widerstände durch die Emitter-Kollektorstrecke von Transistoren dargestellt sind.

In der Praxis wird häufig eine Eingangsspannung des Differenzverstärkers konstant gehalten. Im Schaltplan nach *Bild 7.4a* ist dies bei der Eingangsspannung E_2 durch einen Spannungsteiler an der Basis von T_2 realisiert worden. Der Transistor T_1 wird über das Potentiometer P angesteuert. Dadurch lassen sich verschiedene Basisstromstärken I_B am Transistor T_1 einstellen. Die folgende Meßtabelle zeigt, wie sich der Querstrom I_A bei Änderung der Basisstromstärke I_B verändert:

I_B in μA	4,0	6,0	8,0	10,0	12,0	14,0
I_A in mA	0,15	0,25	0,35	0,45	0,53	0,60

Die graphische Darstellung dieser Meßreihe zeigt *Bild 7.4b*. Zwischen den beiden Stromstärken besteht ein nahezu linearer Zusammenhang. Die Stromverstärkung $\Delta I_A / \Delta I_B$ beträgt in diesem Beispiel ungefähr 50. Man muß jedoch dabei bedenken, daß die Stromverstärkung gar nicht so wichtig ist. Von Be-

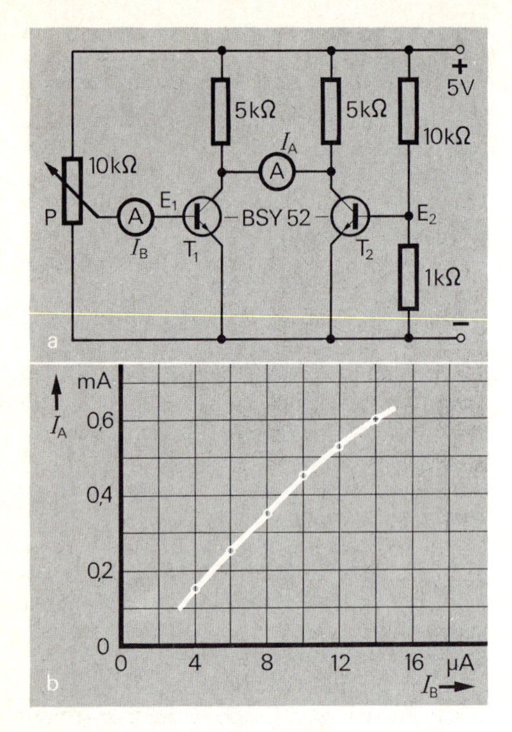

7.4 Häufig wird bei einem Differenzverstärker nur eine Basis der beiden Transistoren angesteuert. Die Stromstärke I_A ändert sich annähernd linear mit der Basisstromstärke I_B.

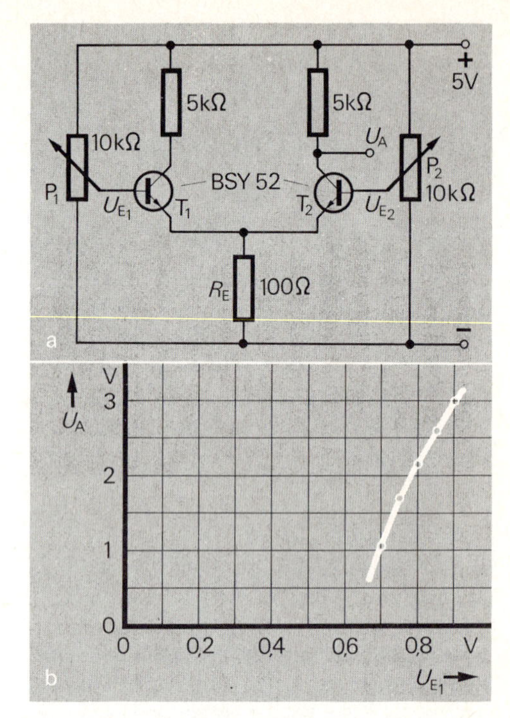

7.5 Durch einen gemeinsamen Emitterwiderstand ändert sich beim Differenzverstärker die Ausgangsspannung U_A fast linear mit der Differenz der Eingangsspannungen $U_{E2} - U_{E1}$.

deutung ist die Änderung des Zeigerausschlags des Strommessers für den Querstrom I_A. Da für dieses Meßgerät auch sehr kleine Meßbereiche gewählt werden können, kann die Empfindlichkeit der Schaltung groß werden.

Bei einem Differenzverstärker kann das Anzeigegerät einen sehr kleinen Meßbereich haben. Dadurch wird die Empfindlichkeit des Verstärkers groß.

Meistens wird ein Differenzverstärker als Spannungsverstärker eingesetzt *(Bild 7.5)*. Eine weitere Verarbeitung der Ausgangsspannung U_A ist elektronisch nur dann möglich, wenn der Minuspol derEnergiequelle zum Bezugspunkt gemacht wird. Dies ist bei einer Schaltung nach *Bild 7.4a* noch nicht möglich. Zwischen der Ausgangsspannung U_A und der Differenz der Eingangsspannungen E_2 und E_1 ergibt sich ein linearer Zusammenhang, wenn beide Transistoren einen gemeinsamen Emitterwiderstand R_E haben[1]. Die Spannung U_{E_2} wird über das Potentiometer P_2 fest eingestellt[2]. Wird nun z. B. die Eingangsspannung U_{E_1} erhöht, so wird der Transistor T_1 stärker leitend. Die Stromstärke durch den Widerstand R_E wird größer, so daß an ihm ein größe-

[1]) In der Praxis wird dieser Widerstand größer angesetzt als die Modellschaltung nach *Bild 7.5* anzeigt.

[2]) Mit dem Potentiometer P_2 wird der „Nullpunkt" der Schaltung eingestellt.

rer Spannungabfall entsteht. Dadurch verringert sich die Emitter-Basisspannung am Transistor T_2. Seine Emitter-Kollektorstrecke wird weniger leitend, so daß an ihr ein größerer Spannungsabfall U_A auftritt. In *Bild 7.5b* ist hierfür ein Meßbeispiel dargestellt: Eine kleine Änderung der Eingangsspannung bewirkt eine große Änderung der Ausgangsspannung.

Aufgaben

1. Eine Brückenschaltung ist nur sinnvoll dimensioniert, wenn der Querstrom auf Null reguliert werden kann. Warum?

2. In der Brückenschaltung nach *Bild 7.2b* wird die Spannung zwischen den Schaltpunkten A und B mit einem regelbaren Widerstand eingestellt. Welchen Wert muß dieser Widerstand annehmen, damit sich zwischen A und B eine Spannung von 1,25 V einstellt?

3. *Bild 7.6* zeigt eine Brückenschaltung mit einem Transistor. Beschreiben Sie Arbeitsweise der Schaltung.

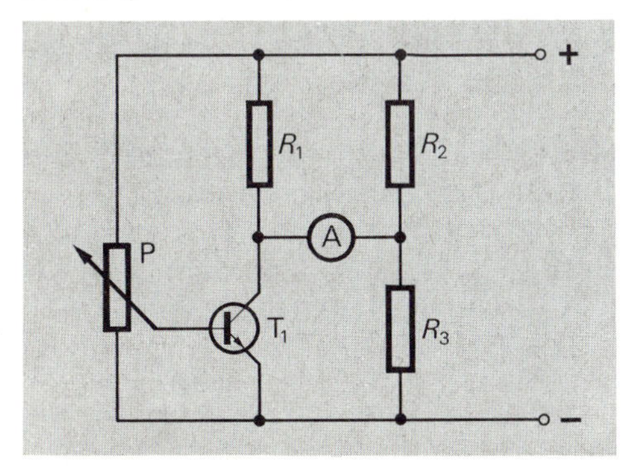

7.6 Zu Aufgabe 3

4. Im Schaltplan nach *Bild 7.5* könnte man die Ausgangsspannung U_A auch am Transistor T_1 abgreifen. Wie müßte man dann arbeiten, und wie würde sich das Diagramm nach *Bild 7.5b* ändern?

7.2 Prinzip des Operationsverstärkers

Einen **Operationsverstärker**, kurz OV, kann man nicht mit einzelnen Bauelementen erstellen. Um Ihnen die Arbeitsweise des OV verständlich zu machen, soll in diesem Abschnitt eine Modellschaltung entwickelt werden, die die wichtigsten Merkmale eines OV aufweist. Von einem OV werden folgende Eigenschaften gefordert:

- Der Widerstand am Eingang soll sehr groß sein (z. B. 2 MΩ).
- Der Widerstand am Ausgang soll sehr klein sein (z. B. 75 Ω).
- Die Spannungsverstärkung muß sehr groß sein (z. B. 10^5).
- Vorhandensein müssen ein invertierender und ein nicht invertierender Eingang.
- Die Eingänge sollen ohne Ansteuerung an Masse liegen.

Es soll nun im Folgenden gezeigt werden, wie man diese Forderungen erfüllen kann. Dabei werden dann auch die Bezeichnungen erläutert, die für Sie bei den fünf aufgeführten Eigenschaften vielleicht noch unverständlich geblieben sind.

Einen großen Widerstand am Eingang erreicht man, wenn in die Basisleitung einer Transistorschaltung ein Widerstand mit großem Wert geschaltet wird. Dies ist kein besonderes Problem. Ein großer Eingangswiderstand hat den Vorzug, daß nur ein sehr kleiner Steuerstrom auftritt. Dadurch gelingt eine fast leistungslose Ansteuerung des Verstärkers.
Hat der Ausgang einer Schaltung einen kleinen Widerstand, so ist die Ausgangsspannung fast unabhängig vom Ausgangsstrom. Daß ein zu großer Ausgangswiderstand unerwünscht sein kann, kennen Sie vom Innenwiderstand der Energiequellen. Nur bei kleinem Innenwiderstand der Energiequelle können mehrere Verbraucher daran angeschlossen werden. Bei zu großem Innenwiderstand bricht die Spannung zusammen.
Die bisher untersuchten Transistorschaltungen hatten einen relativ großen Ausgangswiderstand (ca. 10 kΩ). In diesen Schaltungen wurde der Transistor stets in **Emitterschaltung** betrieben. *Bild 7.7a* zeigt noch einmal die Schaltung zum Transistoreffekt (vgl. *Abschnitt 3.1).* Da der Emitter jeweils an einem Pol der

beiden Energiequellen liegt, nennt man diese Schaltungsart Emitterschaltung. Der Arbeitswiderstand R_C befindet sich in der Kollektorzuleitung.
Man kann den Arbeitswiderstand aber auch in die Emitterleitung legen. Dann wird der Kollektor mit jeweils einem Pol der Energiequelle verbunden (*Bild 7.7b*). Diese Schaltungsart heißt **Kollektorschaltung**. Die Ausgangsspannung U_A wird über dem Emitterwiderstand R_E abgegriffen.
Der Ausgangswiderstand der Kollektorschaltung ist nicht statisch durch den Emitterwiderstand R_E gegeben, sondern ergibt sich durch eine dynamische Überlegung: Eine kleine Änderung der Ausgangsspannung U_A wirkt auf denEingang zurück, denn es ergibt sich eine fast gleichgroße Änderung der Emitter-Basisspannung. Diese Änderung ruft eine große Änderung des Emitterstroms hervor. Nach der Beziehung $R = U/I$ ergibt sich daher ein kleiner Ausgangswiderstand. Er liegt in der Größenordnung von 100 Ω.

7.7 (a) Bei der Emitterschaltung liegt der Emitter jeweils an einem Pol der beiden Energiequellen. (b) Wird der Kollektor an jeweils einen Pol der beiden Energiequellen angeschlossen, so spricht man von einer Kollektorschaltung.

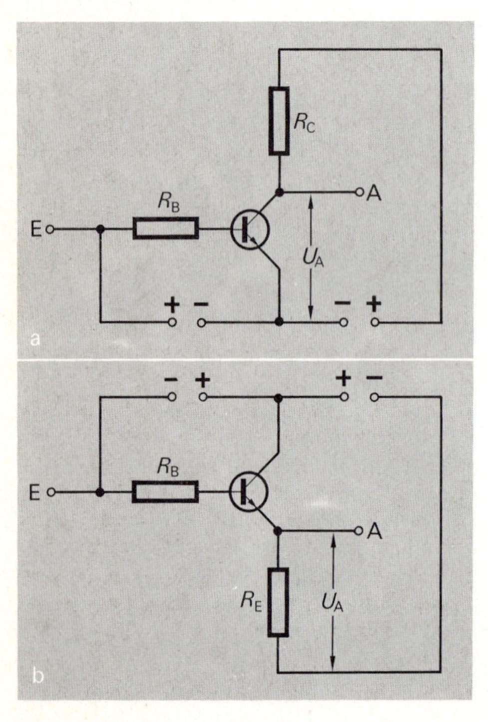

Wird ein Transistor in Kollektorschaltung betrieben, so ergibt sich ein kleiner Ausgangswiderstand. Er liegt in der Größenordnung von 100 Ω.

Mit einer Kollektorschaltung kann die zweite Forderung für einen OV erfüllt werden. In der Praxis benutzt man meist eine Schaltung nach *Bild 7.8*, die **Emitterfolger**[1] heißt. Sie hat die gleichen Eigenschaften wie die Kollektorschaltung. Der Unterschied besteht in der Erzeugung der Basisvorspannung. Die Energiequelle für den Basisstromkreis befindet sich nun wieder zwischen Emitter und Basis und kann auch durch einen Spannungsteiler an der Basis ersetzt werden.
Eine große Spannungsverstärkung kann mit einem Differenzverstärker erzielt werden. Sie haben seine Arbeitsweise im vorangegangenen Abschnitt kennengelernt. Technisch sind ohne Schwierigkeiten Verstärkungsfaktoren zwischen 10 000 und 100 000 möglich.
Ein Differenzverstärker hat auch die beiden geforderten Eingänge E_1 und E_2 (vgl. *Bild 7.3a*). Man bezeichnet einen Eingang als **invertierend,** wenn die Wechselspannung am Ausgang gegenüber der Eingangsspannung um 180° in der Phase verschoben ist. Diese Erscheinung konnte bereits bei der einfachen Verstärkerschaltung im *Kapitel 6* beobachtet werden. Der invertierende Eingang wird durch ein Minuszeichen (−) gekennzeichnet.
Beim Differenzverstärker nach *Bild 7.5* ist die Basis des Transistors T_2 ein invertierenderEin-

[1]) Man bezeichnet den Emitterfolger auch als Impedanzwandler. Mit „Impedanz“ wird der dynamische Widerstand bezeichnet. Der Emitterfolger hat einen großen Eingangswiderstand und einen kleinen Ausgangswiderstand.

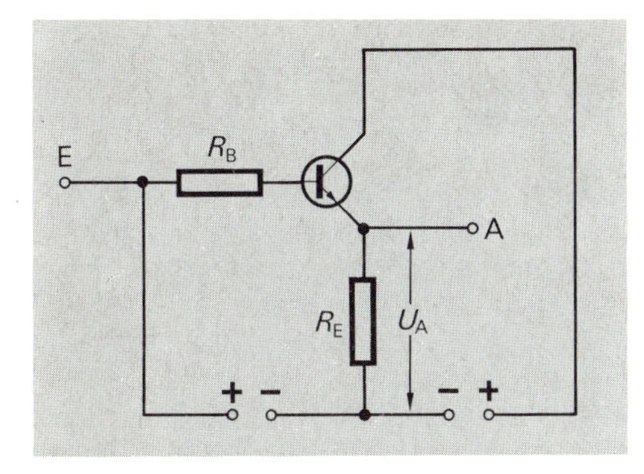

7.8 Bei einem Emitterfolger wird die Ausgangsspannung über dem Emitterwiderstand abgegriffen.

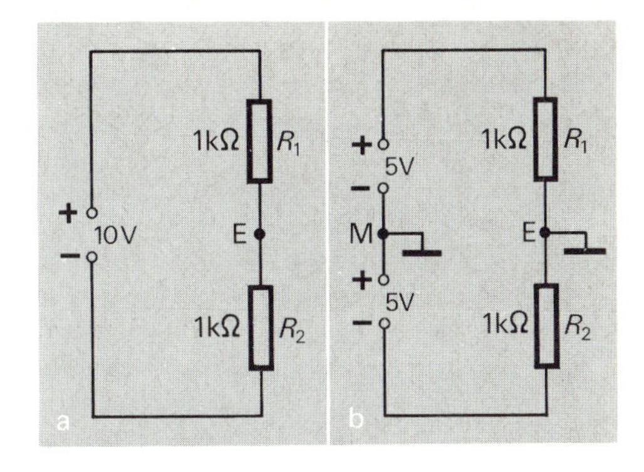

7.9 Wird ein Spannungsteiler mit zwei Batterien betrieben, so kann auch der „Mittelanschluß" E an Masse gelegt werden.

gang. Wird nämlich die Spannung U_{E_2} über das Potentiometer P_2 größer eingestellt, so verringert sich die Ausgangsspannung U_A. Umgekehrt wird U_A größer, wenn die Spannung U_{E_2} kleiner gewählt wird.

Der Basisanschluß am Transistor T_1 *(Bild 7.5)* ist nicht invertierend. Denn die Eingangsspannung U_{E_1} hat zur Ausgangsspannung U_A keine Phasenverschiebung. Je größer U_{E_1} wird, desto größer wird auch U_A. Dieser Zusammenhang ist auch im Diagramm von *Bild 7.5b* zu erkennen. Den nicht invertierenden Eingang kennzeichnet man mit einem Pluszeichen (+).

Ein Differenzverstärker hat einen invertierenden Eingang E_2 und einen nicht invertierenden Eingang E_1.

Sicher haben Sie schon bemerkt, daß ein Differenzverstärker mit einem nachgeschalteten Emitterfolger die genannten Anforderungen an einen OV erfüllen kann. Nur noch das Problem der *Masse* muß gelöst werden[1]. Mit Masse bezeichnet man einen Pol der benutzten Energiequelle[2]. Dies kann der Plus- oder der Minuspol sein. Die Masse wird dann als Bezugspunkt für Spannungsmessungen gewählt. So war bisher meistens der Minuspol der Energiequelle der Bezugspunkt. Denn alle Spannungsmessungen, besonders in der digitalen Elektronik, bezogen sich auf den Minuspol.

Da ein Differenzverstärker immer einen Emitterwiderstand hat, liegt die Basis der beiden Transistoren zunächst nicht an Masse. Ohne jede Ansteuerung der Eingänge ist sowohl gegenüber dem Minuspol als auch gegenüber dem Pluspol der Energiequelle eine Spannung nachweisbar. Mit einem Trick kann jedoch erreicht werden, daß die Eingänge gemäß der fünften Forderung ohne Ansteuerung an Masse liegen.

Bild 7.9a zeigt einen Spannungsteiler mit dem Mittelanschluß E. Dieser Anschluß hat gegenüber den Polen der Energiequelle eine Spannungsdifferenz von 5 V. Auch wenn die Widerstände R_1 und R_2 nicht gleich gewählt werden, kann der Anschluß E nicht an Masse gelegt werden. Setzt man jedoch die Spannung der Energiequelle aus zwei Spannungsquellen zusammen *(Bild 7.9b)*, so besteht zwischen dem Mittelanschluß M der Energiequellen und dem Schaltpunkt E am Spannungsteiler keine Spannungsdifferenz. Das elektrische Verhalten dieser Schaltung würde sich nicht ändern, wenn die Schaltpunkte M und E

[1]) Liegt ein Schaltpunkt an Masse, so wird dies in der Schaltung durch das Zeichen ⊥ dargestellt.

[2]) Da häufig ein Pol der Energiequelle „geerdet" ist, findet man in der Literatur manchmal auch die Bezeichnung Erde statt Masse.

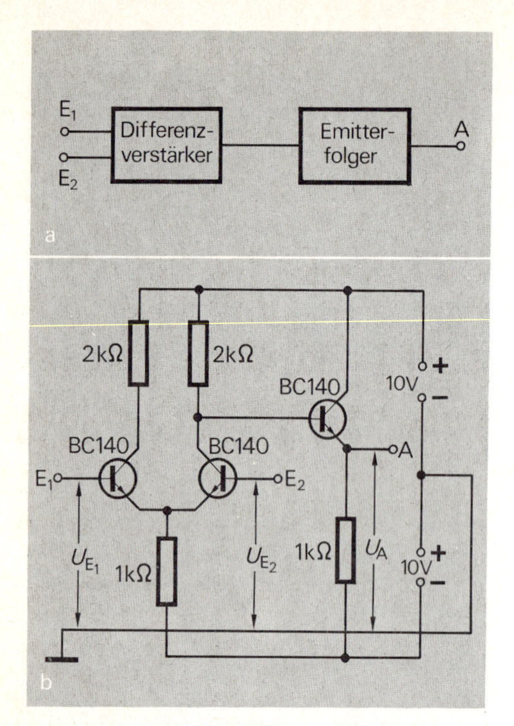

7.10 Eine Modellschaltung für einen Operationsverstärker besteht aus einem Differenzverstärker und einem Emitterfolger.

durch ein Kabel verbunden würden. Wählt man Schaltpunkt M als Masse, so liegt der Schaltpunkt E ebenfalls an Masse. So kann man allgemein verfahren:

> Bei Verwendung von zwei Energiequellen kann bei geeigneter Dimensionierung jeder Schaltpunkt einer Schaltung an Masse gelegt werden.

Nun sind alle Probleme für einen OV gelöst. Es muß ein Differenzverstärker mit nachgeschaltetem Emitterfolger aufgebaut werden *(Bild 7.10a).* Damit die beiden Eingänge E_1 und E_2 ohne Ansteuerung an Masse liegen, wird mit zwei Energiequellen gearbeitet. Eine Modellschaltung für einen OV zeigt *Bild 7.10b.* Bei einem integrierten OV ist die Schaltung noch komplizierter. Erreicht wird, daß

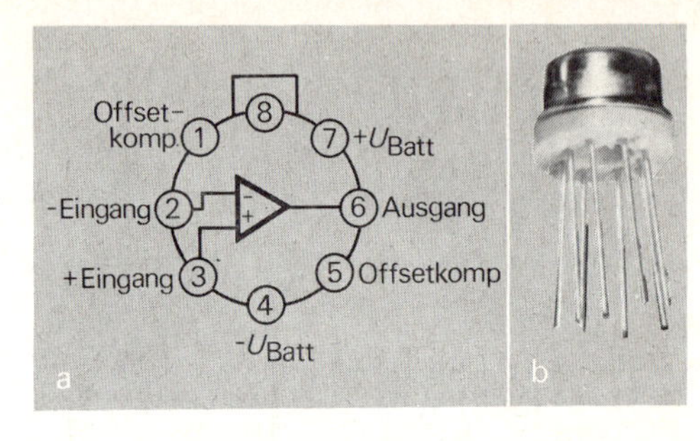

7.11 Operationsverstärker sind integrierte Schaltkreise. (a) Anschlußordnung des Typs 741 im TO-99-Gehäuse (b) Foto eines Operationsverstärkers

die eingangs angegebenen Forderungen noch besser erfüllt werden können.

Bild 7.11a zeigt das Anschlußschema eines OV, wobei das Symbol für einen OV im Inneren des Schemas eingetragen ist. Der OV hat etwa die gleiche Größe wie ein Transistor *(Bild 7.11b).*

Aufgaben

1. Neben der Emitter- und der Kollektorschaltung eines Transistors gibt es auch die *Basisschaltung.* Geben Sie den grundsätzlichen Aufbau der Basisschaltung an.

7.12 Zu Aufgabe 4

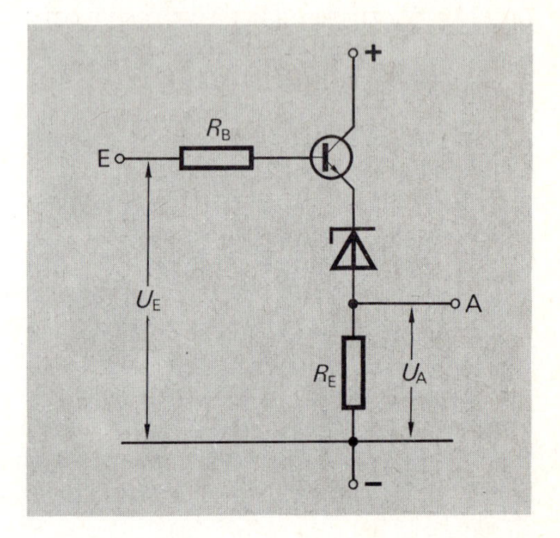

2. In der Kollektorschaltung nach *Bild 7.7b* liegt die Basis des Transistor am Minuspol der einen Energiequelle. Warum ist der Transistor dennoch nicht immer im gesperrten Zustand?

3. Netzgeräte sind meistens am Minuspol geerdet. Warum kann man solche Netzgeräte nicht hintereinander schalten. wenn man größere Spannungen erzeugen will?

4. Damit die Ausgangsspannung eines OV ohne Ansteuerung Null Volt beträgt, wird in die Emitterleitung eine Z-Diode geschaltet *(Bild 7.12)*. Skizzieren Sie den Verlauf der Ausgangsspannung U_A in Abhängigkeit von der Eingangsspannung U_E, und erläutern Sie Ihre Überlegung.

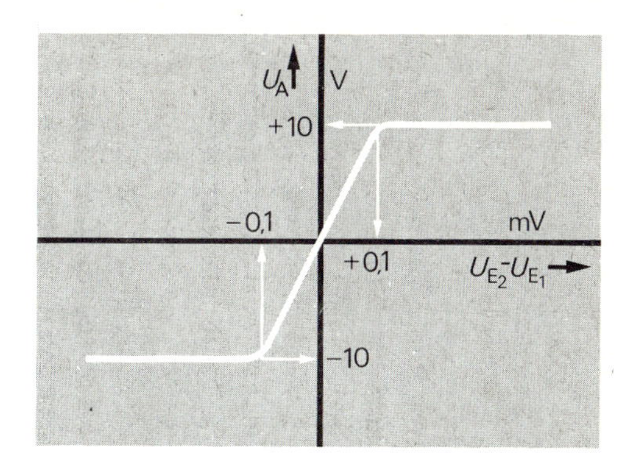

7.13 Bei der Verstärkerkennlinie eines Operationsverstärkers ist in einem kleinen Spannungsbereich die Ausgangsspannung zur Differenz der Eingangsspannung proportional.

7.3 Der beschaltete Operationsverstärker

Die Einsatzmöglichkeiten für einen OV sind sehr vielseitig. In diesem Abschnitt sollen einige Beispiele beschrieben werden, die noch relativ leicht verständlich sind.

Ein OV sollte stets mit zwei Energiequellen betrieben werden. Alle Spannungsangaben werden auf Masse bezogen. Durch ein Pluszeichen (+) und ein Minuszeichen (−) gibt man an, welcher Pol der Energiequelle an Masse liegt. $+U_B$ bedeutet, der Pluspol der Betriebsspannung liegt nicht an Masse, entsprechend schreibt man $-U_B$, wenn der Minuspol nicht an Masse ist. Eine verkürzte Darstellung findet man in den Datenblättern für einen OV: Für den OV-Typ 741 wird die Betriebsspannung mit ± 15 V angegeben. Man benötigt also zwei Energiequellen mit 15 V, die hintereinander geschaltet werden. Der Mittelanschluß wird an Masse gelegt[1].

Für die Arbeitsweise eines OV ist die **Verstärkerkennlinie** besonders wichtig. Sie beschreibt den Zusammenhang zwischen der Differenz der Eingangsspannungen und der Ausgangsspannung. *Bild 7.13* zeigt schematisch die Verstärkerkennlinie eines OV, wobei bei den Spannungsangaben ebenfalls die Masse Bezugspunkt ist. Charakteristisch ist, daß sich die Ausgangsspannung oberhalb und unterhalb von etwa 0,1 mV der Differenzspannung am Eingang nicht mehr ändert. Die Kennlinie verläuft waagerecht. In dem schmalen Bereich von − 0,1 mV bis + 0,1 mV zeigt die Kennlinie einen proportionalen Verlauf. Dieser Teil der Kennlinie ist beim Verstärkerbetrieb des OV zu benutzen.

> Die Verstärkerkennlinie eines OV verläuft in einem schmalen Bereich proportional. Größere Spannungsdifferenzen am Eingang bewirken keine Veränderung der Ausgangsspannung.

Aufgrund des steilen Anstiegs der Verstärkerkennlinie läßt sich ein OV als Impulsformer verwenden *(Bild 7.14 a)*. Der nicht invertierende Eingang ist mit Masse verbunden worden, so daß der OV nur über den invertierenden Eingang angesteuert wird. Verwendet man am Eingang eine sinusförmige Wechselspannung, z.B. mit einer Amplitude von 5 V, so ergibt sich am Ausgang des OV eine Rechteckspannung, die auf dem Schirm eines Oszilloskops beobachtet werden kann.

Wie diese Impulsformung entsteht, kann anhand der Verstärkerkennlinie erläutert wer-

---

[1]) Bei den folgenden Schaltplänen ist die Energieversorgung nicht eingezeichnet worden.

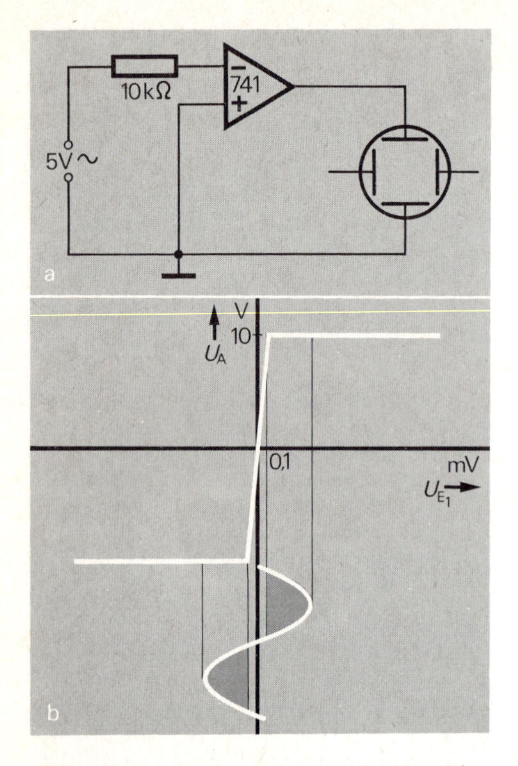

7.14 Wegen des steilen Anstiegs der Verstärkerkennlinie läßt sich ein Operationsverstärker gut als Impulsformer einsetzen.

den. *Bild 7.14b* zeigt die Verstärkerkennlinie und den sinusförmigen Verlauf der Eingangsspannung U_{E_1}. (Die Zeichnung ist nicht maßstabsgetreu, da sonst der proportionale Bereich der Kennlinie nicht mehr zu erkennen wäre.) Oberhalb von 0,1 mV ergibt sich für die Ausgangsspannung der konstante Wert von ungefähr 10 V, unterhalb von – 0,1 mV ist die Ausgangsspannung ebenfalls mit – 10 V konstant. Deshalb zeigt das Oszilloskop eine Rechteckspannung an. Die Anstiegs- und Abfallflanken des Rechteckimpulses entstehen in dem Spannungsintervall von 0,2 mV. Das ist ein sehr schmaler Bereich im Vergleich zur Amplitude von 5 V. *Bild 7.15* zeigt Versuchsaufbau und Schirmbild der Impulsformung. Die Flanken sind so „steil", daß sie vom Elektronenstrahl nicht „geschrieben" werden.

Ein OV kann zur Impulsformung benutzt werden. Am Ausgang entsteht ein Rechteckimpuls mit großer Flankensteilheit.

Häufiger als zur Impulsformung wird der OV in Verstärkerschaltungen eingesetzt. Hier muß in dem proportionalen Bereich der Verstärkerkennlinie gearbeitet werden. Das ist gar nicht so leicht! Die meisten Wechselspannungen, die verstärkt werden sollen, haben eine größere Amplitude als 0,2 mV. So liefert z.B. das Magnetsystem eines Plattenspielers bereits eine Wechselspannung von ca. 10 mV.
Um mit einem OV trotzdem verzerrungsfrei zu verstärken, bedient man sich der **Rückkopplung**. Man spricht von einer Rückkopplung[1], wenn ein Teil der Ausgangsspannung an den Eingang des Verstärkers zurückgeführt wird. Dies erfolgt über den Widerstand R_2 in *Bild 7.16a*. Die Ausgangsspannung U_A ist gegenüber der Eingangsspannung am invertierenden Eingang in der Phase um 180° verschoben *(Bild 7.16b)*. Die Überlagerung der zu verstärkenden Spannung mit der rückgekoppelten Spannung ergibt am Eingang des OV eine Spannung mit kleiner Amplitude. Die Stärke der Rückkopplung kann mit dem Widerstand R_2 reguliert werden, so daß im proportionalen Bereich der Verstärkerkennlinie gearbeitet werden kann. Eine theoretische Überlegung ergibt, daß die Verstärkung der Schaltung unabhängig vom benutzten OV ist. Für den Verstärkungsfaktor V gilt ungefähr $V = R_2/R_1$. In dem Beispiel von *Bild 7.16a* ergibt sich eine Spannungsverstärkung von 20.

Soll ein Operationsverstärker als Verstärker arbeiten, so muß vom Ausgang zum invertierenden Eingang rückgekoppelt werden. Der Verstärkungsfaktor ist durch das Widerstandsverhältnis R_2/R_1 bestimmt.

[1]) Bei einer Rückkopplung unterscheidet man zwischen Gegenkopplung und Mitkopplung. In den dargestellten Beispielen liegt eine Gegenkopplung vor.

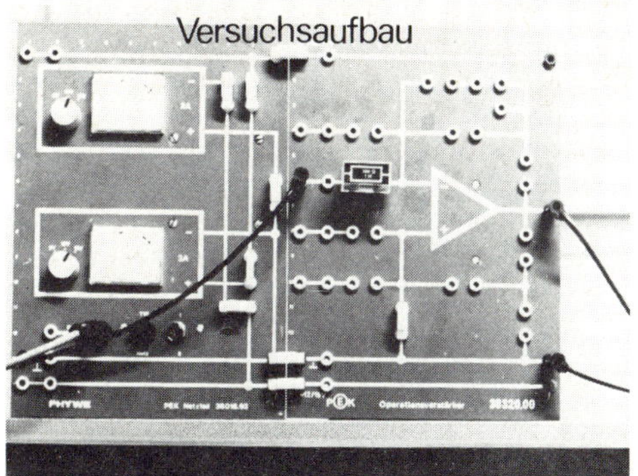

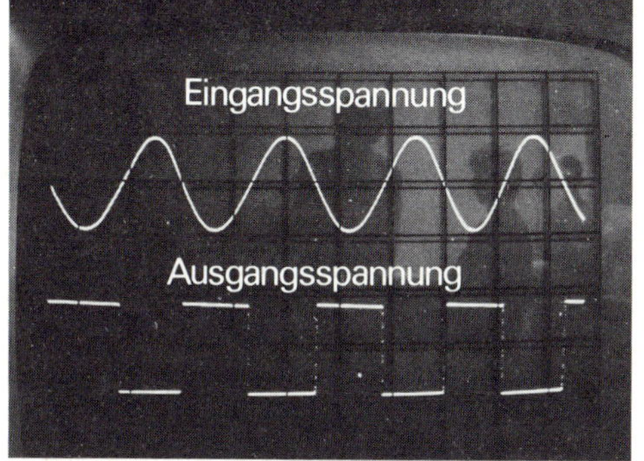

7.15 Mit einem Operationsverstärker kann aus einem sinusförmigen Spannungsverlauf ein Rechteckimpuls erzeugt werden.

7.16 Durch eine Rückkopplung wird erreicht, daß am invertierenden Eingang eine Spannung mit sehr kleiner Amplitude liegt.

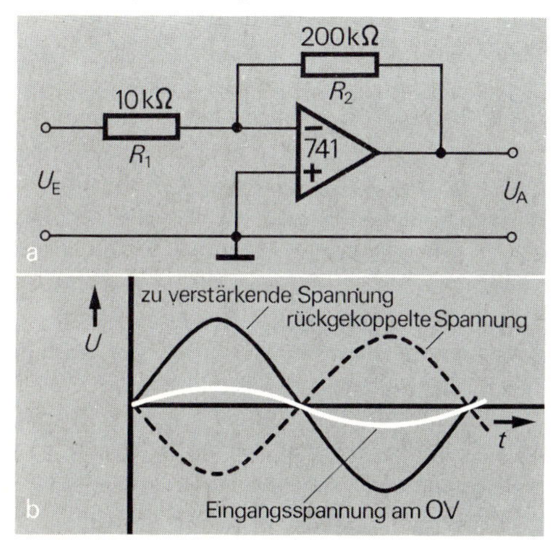

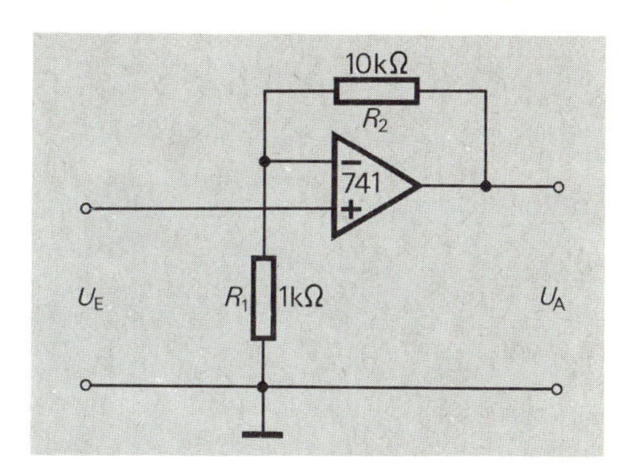

7.17 Wird der nicht invertierende Eingang bei einer Verstärkerschaltung benutzt, so liegt am invertierenden Eingang ein Spannungsteiler.

Ein OV kann auch am nicht invertierenden Eingang angesteuert werden. Dann besteht zwischen der Ausgangsspannung und der Eingangsspannung keine Phasenverschiebung. Damit der Verstärker nicht übersteuert wird, ist ebenfalls eine Rückkopplung an den invertierenden Eingang erforderlich *(Bild 7.17)*. Auch in diesem Fall wird der Verstärkungsfaktor durch die Größe der Widerstände R_1 und R_2 bestimmt.

Erfolgt die Rückkopplung nicht durch einen ohmschen Widerstand, sondern z.B. durch einen Kondensator, so können mit einem OV auch Oszillatorschaltungen aufgebaut werden. Damit steht mit dem OV ein elektronisches Bauelement zur Verfügung, das zur Lösung zahlreicher elektronischer Probleme eingesetzt werden kann.

Aufgaben

1. Durch Impulsformung läßt sich auch mit einem Transistor ein Rechteckimpuls erzeugen. Welchen Vorzug hat demgegenüber ein OV? Welche Nachteile für die Verwendung eines OV lassen sich angeben?

2. Verstärkungen werden häufig auch in der Einheit dB (sprich: Dezibel) angegeben. Ein OV hat z.B. eine Verstärkung von 100 dB. Wie ist diese Einheit festgesetzt?

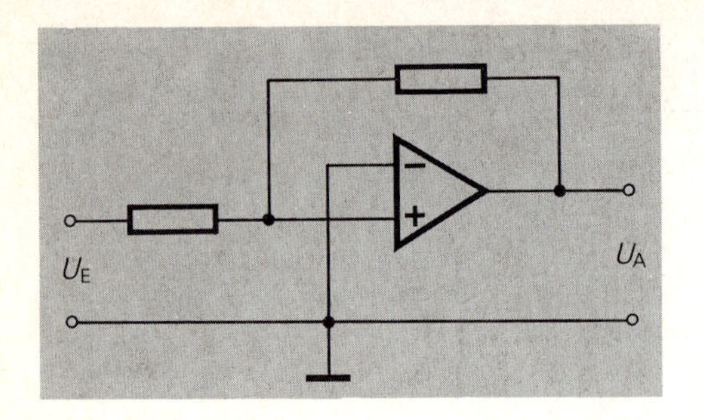

3. *Bild 7.18* zeigt eine Beschaltung eines OV, die dem Schaltplan nach *Bild 7.16* sehr ähnlich ist. Welche Gemeinsamkeiten und welche Unterschiede haben die Schaltpläne? Warum kann eine Versuchsanordnung nach *Bild 7.18* nicht sinnvoll arbeiten?

4. Der OV läßt sich auch als Impedanzwandler einsetzen. Welche Eigenschaften des OV werden bei einer solchen Schaltung benutzt?

7.18 Zu Aufgabe 3

8. Spezielle Halbleiterbauelemente

Für besondere technische Probleme sind Halbleiterbauelemente entwickelt worden, deren Arbeitsweise durch eine spezielle Dotierung des Halbleitermaterials oder eine besondere Folge der dotierten Schichten erreicht wird. Die Anwendungsmöglichkeit dieser Bauelemente ist zwar nicht so universell, wie die des Transistors: dennoch sind sie für die Elektronik unentbehrlich.
Sie haben bereits die Z-Diode als spezielle Diode kennengelernt. Die folgenden drei Abschnitte sollen Sie mit der Arbeitsweise einiger weiterer besonderer Halbleiter vertraut machen. Für dieses Buch mußte aus der Vielzahl der Bauelemente eine Auswahl getroffen werden.

8.1 Der Thyristor

Ein **Thyristor**[1] besteht prinzipiell aus vier dotierten Halbleiterschichten. Dabei ist die Schichtenfolge n-p-n-p *(Bild 8.1 a)*. Jede dieser Schichten ist mit einem Anschluß versehen, deren Bezeichnung Anode A, Katode K, **Gate** G_1 und Gate G_2 ist. Ein solcher Aufbau kann mit einem npn-Transistor und einem pnp-Transistor nachgebildet werden *(Bild 8.1 b)*.
Häufig wird bei einem Thyristor der Anschluß G_2 nicht nach außen geführt, so daß nur ein Gateanschluß G zur Verfügung steht *(Bild 8.2 a)*. Man spricht dann auch von einer Thyristortriode, weil nur drei Anschlüsse vorhanden sind. Da ein Thyristor wichtige Merkmale einer Diode zeigt, ist sein Schaltzeichen *(Bild 8.2 b)* dem einer Diode sehr ähnlich gewählt. *Bild 8.2 c* zeigt das Foto eines Thyristors, der für große Leistungen geeignet ist.

[1]) Den hier besprochenen Thyristor bezeichnet man genauer auch als Einweg-Thyristor (im Gegensatz zum Zweiweg-Thyristor, der in der Technik TRIAC genannt wird).

8.1 Ein Thyristor besteht grundsätzlich aus einer npnp-dotierten Schichtfolge (a). Er kann durch einen npn- und einen pnp-Transistor simuliert werden (b).

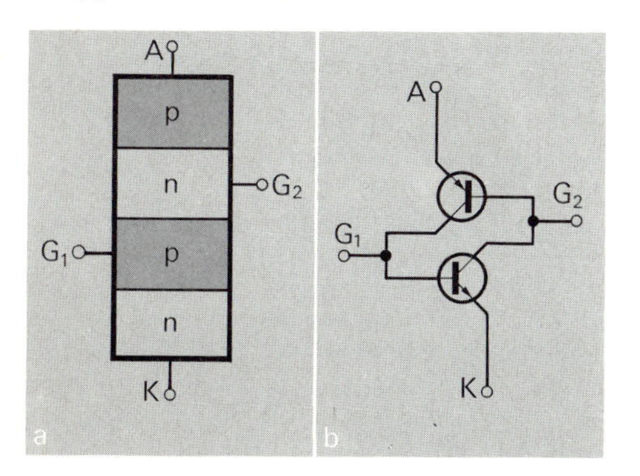

8.2 Ein Thyristor besteht aus vier dotierten Schichten. (a) Schematische Darstellung der Schichtenfolge (b) Schaltzeichen des Thyristors (c) Foto eines Thyristors

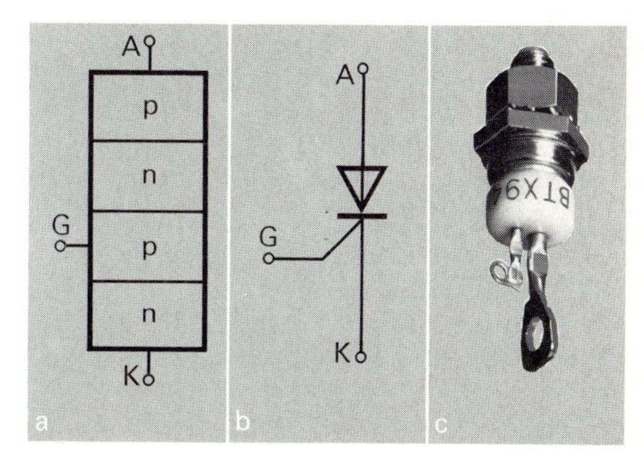

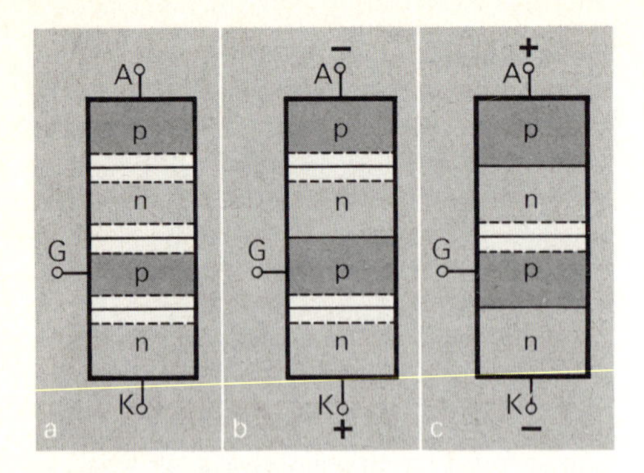

8.3 Bei einem Thyristor treten drei Verarmungszonen auf (a). In einem Stromkreis sind jedoch in Abhängigkeit von der Polung der Energiequelle nur zwei (b) oder nur eine (c) Verarmungszone wirksam.

Es soll nun die Arbeitsweise eines Thyristors erläutert werden. Dazu wird nicht die Kennlinie des Thyristors benutzt, sondern das Verhalten der einzelnen Grenzschichten. Aufgrund der vier dotierten Schichten bilden sich beim unbeschalteten Thyristor drei Verarmungszonen aus *(Bild 8.3 a)*. Werden die Anode A mit dem Minuspol und die Katode K mit dem Pluspol der Energiequelle verbunden, so „verschwindet" die mittlere Verarmungszone *(Bild 8.3 b)*. Dieser Vorgang kann mit der Durchlaßrichtung einer Diode für die beiden mittleren pn-Schichten verglichen werden. Wird das Gate mit dem Pluspol oder dem Minuspol der Energiequelle verbunden, so kann jeweils nur eine Verarmungszone abgebaut werden. Eine genaue Begründung können Sie sicher selbst leicht finden. Der Thyristor ist bei dieser Polung stets gesperrt. Man sagt auch, der Thyristor ist in *Rückwärtsrichtung* gepolt.
Interessant wird es eigentlich erst bei der Polung in *Vorwärtsrichtung*. Dann liegt die Anode A am Pluspol und die Katode K am Minuspol der Energiequelle *(Bild 8.3 c)*. Bei dieser Polung tritt nur noch beim mittleren pn-Übergang eine Verarmungszone auf. Wird nun das Gate mit dem Pluspol verbunden, so „verschwindet" auch diese Verarmungszone. Zwischen der Anode und der Katode des Thyristors kann ein Strom fließen. Man sagt, der Thyristor ist *„gezündet"*[1] worden. Liegt das Gate am Minuspol der Energiequelle, so verbreitert sich die mittlere Verarmungszone, der Thyristor sperrt.

Ein Thyristor besteht aus der dotierten Schichtenfolge npnp. Über den Gateanschluß kann die Leitfähigkeit des Thyristors in Vorwärtsrichtung gesteuert werden.

Hat ein Thyristor gezündet, so bleibt der Stromfluß auch dann erhalten, wenn die Verbindung vom Gate zum Pluspol unterbrochen wird. Durch den Strom zwischen Anode und Katode werden Ladungsträger in die mittlere Verarmungszone transportiert, so daß die Leitfähigkeit erhalten bleibt. Dies wird durch einen Versuch nach *Bild 8.4 a* bestätigt: Zunächst leuchtet die Glühlampe nicht auf. Wird anschließend das Gate durch die Taste T über den Widerstand mit dem Pluspol verbunden, so leuchtet die Lampe auf. Auch wenn an der Taste der Stromkreis unterbrochen wird, bleibt die Lampe hell.
Erst wenn die Stromstärke zwischen Anode und Katode sehr klein wird, reicht die Anzahl der Ladungsträger zur „Überflutung" der mittleren Verarmungszone nicht mehr aus. Der Thyristor wird nicht leitend. Man nennt die Stromstärke, bei der der Thyristor gerade noch leitend bleibt, den **Haltestrom** I_H. Diese Stromstärke liegt in der Größenordnung von 2 mA.
Damit ein Thyristor zündet, ist eine bestimmte Spannung am Gate des Thyristors erforderlich. Diese Spannung wird **Zündspannung** U_Z genannt. Je nach Thyristortyp liegt die Zündspannung zwischen 0,6 V und 2,5 V.
Bild 8.4 b zeigt einen Schaltplan, mit dem die Zündspannung und der Haltestrom eines Thyristors ermittelt werden können. Zunächst

[1]) Man spricht von „gezündet", weil ähnliche Vorgänge beim Thyratron ablaufen. Ein Thyratron ist eine gasgefüllte Röhre, die bei Ansteuerung am Gate leitend wird, so daß die Gasfüllung aufleuchtet.

wird der regelbare Widerstand P_1 auf etwa 500 Ω eingestellt. Mit dem Potentiometer P_2 kann die Gatespannung U_G eingestellt werden. Beginnt die Untersuchung bei $U_G = 0\,V$, so beobachtet man am Strommesser, daß bei der Zündspannung ein deutlicher Zeigerausschlag erkennbar wird: der Thyristor ist leitend. Anschließend wird mit dem regelbaren Widerstand P_1 die Stromstärke zwischen der Anode und der Katode verringert. Wird nun der Haltestrom I_H erreicht, „springt" der Zeiger des Strommessers auf Null: der Thyristor ist nicht leitend geworden.

Die Zündspannung U_Z gibt an, bei welcher Gatespannung der Thyristor leitend wird. Der Thyristor bleibt nur so lange leitend, wie die Stromstärke größer als der Haltestrom I_H ist.

8.4 (a) Über das Gate wird der Thyristor gezündet. (b) Schaltplan zur Bestimmung der Zündspannung U_G und des Haltestroms I_H.

Ein Thyristor wird überwiegend in Wechselstromkreisen eingesetzt. Als ein Anwendungsbeispiel soll die **Phasenanschnittssteuerung** erläutert werden *(Bild 8.5 a)*.

Bei der Phasenanschnittssteuerung wird der Thyristor z.B. über eine Glühlampe an eine Wechselspannung angeschlossen. Am Gate des Thyristors liegt ebenfalls eine Wechselspannung, deren Amplitude mit einem Potentiometer P geregelt wird. Man beobachtet, daß mit dem Potentiometer die Helligkeit der Glühlampe gesteuert wird. Auf dem Oszilloskop *(Bild 8.5 b)* sieht man, daß bei der halben Sinuskurve der erste Teil „abgeschnitten" ist. Verändert man den Wert des Potentiometers, so verschiebt sich die „Anschnittsstelle", und die Helligkeit der Glühlampe ändert sich. Je mehr von der Sinuskurve „abgeschnitten" wird, desto dunkler leuchtet die Glühlampe.

8.5 Bei der Phasenanschnittssteuerung wird die Helligkeit der Glühlampe durch die Gatespannung gesteuert.

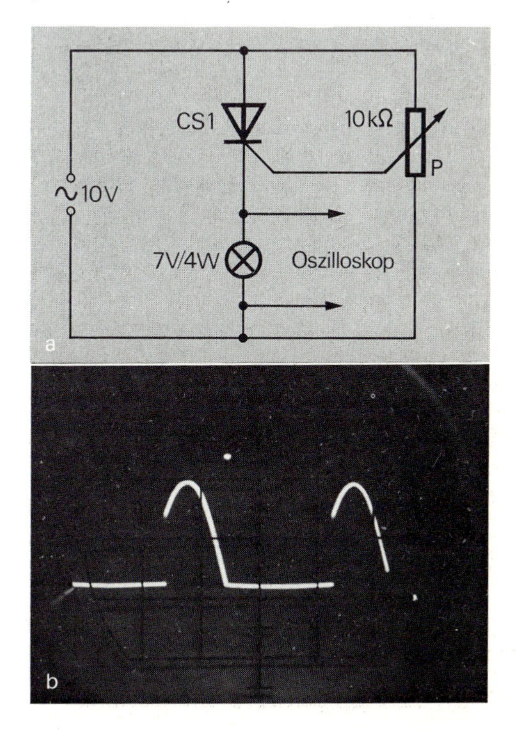

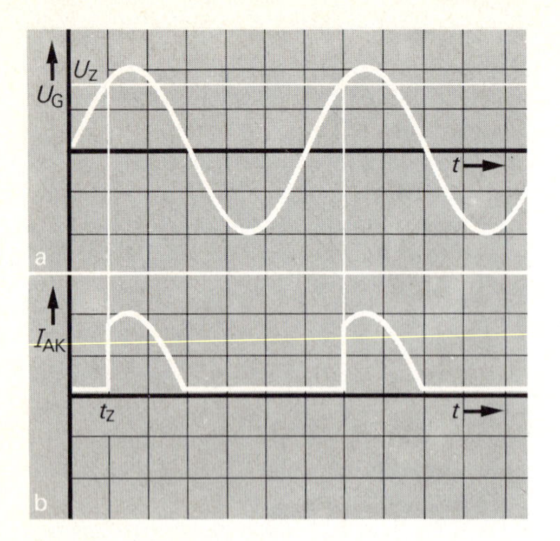

8.6 Erst wenn die Zündspannung U_Z am Gate des Thyristors erreicht ist, wird die Anoden-Katoden-Strecke des Thyristors leitend.

Wie arbeitet diese Schaltung? In *Bild 8.6a* ist der Spannungsverlauf am Gate des Thyristors dargestellt. Solange die Gatespannung unterhalb der Zündspannung U_Z liegt, ist der Thyristor gesperrt, dann ist der Strom I_{AK} zwischen Anode und Katode gleich Null *(Bild 8.6b).* Wird die Zündspannung erreicht, so zündet der Thyristor, und der Strom folgt dem zeitlichen Verlauf der Energiequelle. Bei der unteren Halbwelle der Gatespannung arbeitet der Thyristor in Rückwärtsschaltung, er ist also gesperrt. Erst wenn bei der oberen Halbwelle der Gatespannung wieder die Zündspannung erreicht wird, geht der Thyristor in den leitenden Zustand über.

Zu welchem Zeitpunkt t_Z *(Bild 8.6)* der Thyristor zündet, ist von der Amplitude der Gatespannung abhängig. Dadurch läßt sich mit dem Potentiometer P *(Bild 8.5)* der „Anschnitt" der Sinuskurve regeln.

Die Stromstärke in der Gatezuleitung ist sehr klein, so daß auch die Leistung bei der Steuerung sehr gering ist. Im Gegensatz zu einer einfachen Potentiometerschaltung läßt sich deshalb die Helligkeit einer Glühlampe mit einem Thyristor nahezu leistungslos steuern. Deshalb kann ein Thyristor als **Dimmer**[1] bei der Beleuchtung von Wohnräumen eingesetzt werden, ohne daß Leistungsverluste auftreten.

Mit einer Phasenanschnittssteuerung kann die Helligkeit einer Glühlampe fast leistungslos gesteuert werden.

Aufgaben

1. Ein Thyristor kann nach *Bild 8.1b* aus zwei Transistoren nachgebildet werden. Die Anode A sei mit dem Pluspol, die Katode K mit dem Minuspol der Energiequelle verbunden. Untersuchen Sie die Leitfähigkeit der Anordnung zwischen der Anode A und der Katode K, wenn das Gate G_1 angesteuert wird. Wie verhält sich die Schaltung, wenn über das Gate G_2 gesteuert wird?

2. Ein Thyristor kann auch durch seine Kennlinie beschrieben werden. Dazu wird die Stromstärke I_{AK} in Abhängigkeit von der Spannung zwischen der Anode und der Katode untersucht. Welchen Verlauf würden Sie für diese Kennlinie angeben?

3. Das Schaltsymbol eines Thyristors ist dem einer Diode sehr ähnlich. Welche Gemeinsamkeiten hat ein Thyristor mit einer Diode, und welche Unterschiede können Sie angeben?

4. Die Phasenanschnittssteuerung nach *Bild 8.5* arbeitet nur bis zum Maximum der Sinuskurve. Warum? Wie müßte man die Schaltung ergänzen, damit auch der untere Teil der Sinuskurve angesteuert werden kann?

8.2 Der Unijunktion-Transistor

Ein **Unijunktion-Transistor**, kurz **UJT**, besteht aus einem n-dotierten Halbleiterkristall, in den eine p-dotierte Zone eindiffundiert worden ist *(Bild 8.7a).* Der Anschluß an der p-dotierten Zone heißt Emitter E, die beiden Anschlüsse an der n-dotierten Schicht werden mit Basis B_1 und Basis B_2 bezeichnet. *Bild 8.7b* zeigt das Schaltsymbol für einen UJT.

[1]) In der Technik besteht ein Dimmer meistens aus einem TRIAC, der von einem DIAC angesteuert wird.

Die Bezeichnung Unijunktion-Transistor ist nur deshalb üblich, weil dieses Bauelement wie ein Transistor drei Anschlüsse hat. Die Arbeitsweise eines UJT läßt sich besser über das Verhalten von Diodenstrecken erläutern. Deshalb findet man für den UJT auch die Bezeichnung **Doppelbasisdiode**.
Ein UJT wird in einer Schaltung so betrieben, daß an der Basis B_2 der Pluspol und an der Basis B_1 der Minuspol einer Energiequelle mit der Spannung $U_{B_1B_2}$ liegt. Die n-dotierte Schicht wirkt dann wie ein Widerstand, dessen Wert etwa 10 kΩ beträgt. Der Widerstand dieser Schicht wird nun durch den Emitteranschluß in zwei Teilwiderstände R_{EB_1} und R_{EB_2} *(Bild 8.8)* aufgeteilt. So entsteht ein Spannungsteiler. Da der Emitteranschluß E gegenüber der Basis B_1 stets positiv geschaltet wird, ist zwischen E und B_1 eine Diode. So läßt sich der UJT in einem „Ersatzschaltbild" *(Bild 8.8)* durch zwei Widerstände und eine Diode darstellen.

Ein Unijunktion-Transistor hat drei Anschlüsse: Basis B_1, Basis B_2 und Emitter E. Sein Ersatzschaltbild besteht aus zwei Widerständen und einer Diode.

Das Verhalten eines UJT wird durch seine Kennlinie beschrieben. Um sie zu erhalten, wird der Emitterstrom I_E in Abhängigkeit von der Emitter-Basisspannung U_{EB_1} gemessen *(Bild 8.9)*. Mit dem Potentiometer P kann die

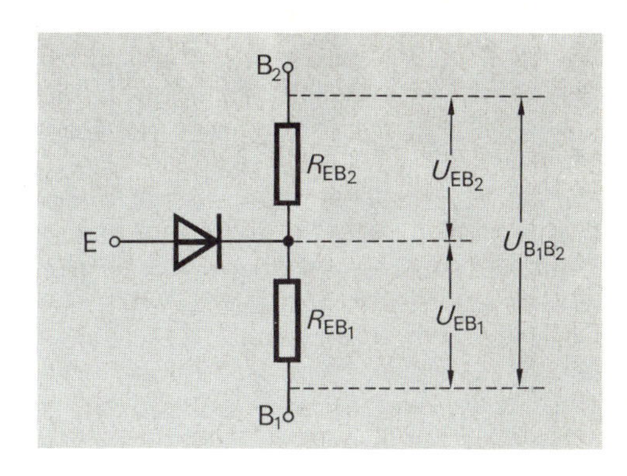

8.8 Der UJT kann durch ein Ersatzschaltbild aus zwei Widerständen und einer Diode beschrieben werden.

Spannung U_{EB_1} verändert werden. Die Kennlinie hat einen eigenartigen Verlauf.
Ein Emitterstrom setzt erst ein, wenn die *„Schleusenspannung"* U_D erreicht wird *(Bild 8.10)*. Das Ersatzschaltbild *(Bild 8.8)* macht dies verständlich: Durch die Spannung $U_{B_1B_2}$ fällt über dem Widerstand R_{EB_1} eine Spannung U_{EB_1} ab. Erst wenn die Spannung zwischen dem Emitter und der Basis B_1 diesen Wert überschritten hat, kann die Diodenstrecke zwischen Emitter und Basis B_1 leitend werden. Die Kennlinie beginnt dann im Bereich I *(Bild 8.10a)* wie eine normale Diode.
Wird nun die Spannung U_{EB_1} weiter erhöht, so wird die Strecke zwischen Emitter E und Basis B_1 stark leitend. Die Diode „bricht durch".

8.7 Ein UJT besteht aus einer n-dotierten Schicht, in die eine p-dotierte Zone eindiffundiert worden ist. (a) Schematische Zeichnung (b) Schaltsymbol

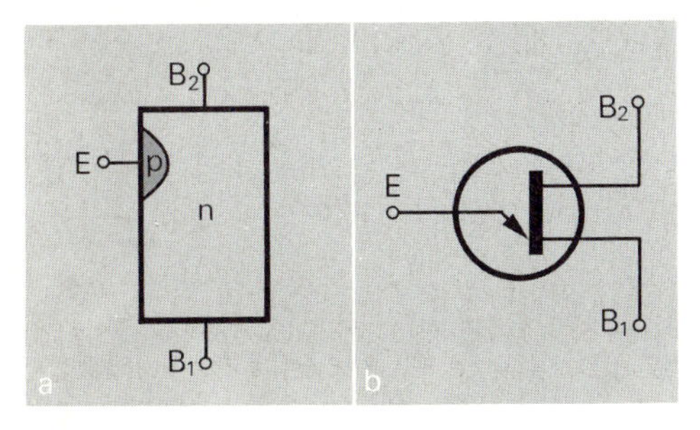

8.9 Bei der Kennlinienaufnahme wird der Emitterstrom I_E in Abhängigkeit von der Basis-Emitterspannung U_{EB1} untersucht.

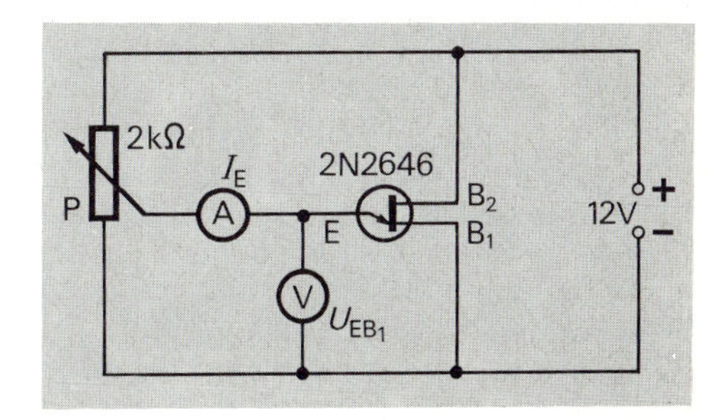

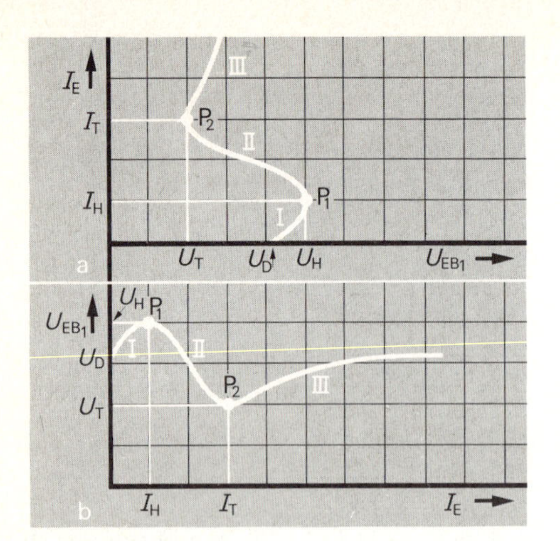

8.10 Im Bereich II zwischen I_H und I_T zeigt die Kennlinie eines UJT einen Abfall. Die Spannung U_{EB1} geht wieder zurück.

Dadurch wird der Spannungsabfall U_{EB_1} bei steigender Stromstärke I_E kleiner. Die Kennlinie verläuft *„rückwärts"*, nach links *(Bereich II in Bild 8.10)*. Man nennt die Spannung, bei der der UJT leitend wird, die **Höckerspannung** U_H. In der Kennliniendarstellung von *Bild 8.10* ist dies der Punkt P_1.
Die Spannung zwischen Emitter E und Basis B_1 bricht bis zur **Talspannung** U_T zusammen

8.11 Wird ein UJT mit einem Kondensator beschaltet, so entsteht ein Kippgenerator für Nadelimpulse.

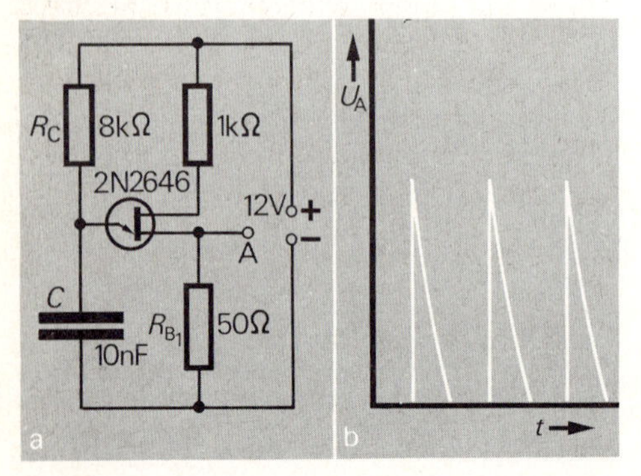

(Punkt P_2 in der Kennlinie). Erhöht man die Spannung U_{EB_1} weiter, so folgt der Emitterstrom gemäß einer Diodenkennlinie *(Bereich III)*. In der Technik wird meist die Emitterstromstärke I_E auf der waagerechten Achse, die Emitter-Basisspannung U_{EB_1} auf der senkrechten Achse aufgetragen *(Bild 8.10b)*. Charakteristisch für die Kennlinie eines UJT ist der „fallende" Verlauf der Kennlinie im Bereich II.

Die Kennlinie eines UJT hat zwischen der Höckerspannung U_H und der Talspannung U_T einen fallenden Verlauf.

Elektronische Bauelemente mit einer fallenden Kennlinie können zur Erzeugung von Impulsen eingesetzt werden. Deshalb setzt man einen UJT in elektronischen Schaltungen meistens zur Impulserzeugung ein. *Bild 8.11a* zeigt einen Schaltplan mit einem UJT, der zwischen Basis B_1 und Emitter E mit einem Kondensator beschaltet ist. Am Ausgang A der Schaltung erhält man „kurze" Spannungsimpulse, die auch als **Nadelimpulse** bezeichnet werden *(Bild 8.11b)*.
Die Arbeitsweise der Schaltung läßt sich aufgrund der Kennlinie eines UJT erklären: Wird die Energiequelle angeschlossen, so lädt sich der Kondensator über den Widerstand R_C auf. Solange die Höckerspannung noch nicht erreicht ist, fließt durch den Widerstand R_{B_1} nur ein sehr schwacher Strom. Am Ausgang A entsteht praktisch keine Spannung. Erreicht aber die Kondensatorspannung die Höckerspannung, so wird die Strecke zwischen der Basis B_1 und dem Emitter E leitend: Durch R_{B_1} fließt ein starker Strom und erzeugt einen großen Spannungsabfall. Da der Übergang sehr rasch erfolgt, ergibt sich am Ausgang A ein steiler Spannungsanstieg. Nun kann sich der Kondensator über die Strecke B_1–E schnell entladen, bis die Talspannung U_T erreicht ist. Da der Widerstand dieser Strecke klein ist, ergibt sich eine ebenfalls steil abfallende Flanke *(Bild 8.11b)*. Danach ist der UJT wieder nicht leitend, bis sich der Kondensator erneut bis zur Höckerspannung aufgeladen hat. Am

Ausgang A entstehen Spannungsimpulse, die sehr „schmal“ sind. Die Schaltung arbeitet daher als Kippschaltung zur Erzeugung von Nadelimpulsen.

> Mit einem UJT kann eine Kippschaltung aufgebaut werden. An der Basis B_1 entstehen Nadelimpulse.

Aufgaben

1. Auch eine Glimmlampe hat eine fallende Kennlinie. Wie arbeitet eine Glimmlampe?
2. Kann man einen UJT auch aus einer p-dotierten Schicht mit einer n-dotierten Zone als Emitter erstellen?
3. Ein UJT wird zur Erzeugung von Impulsen benutzt. Skizzieren Sie den zeitlichen Verlauf der Kondensatorspannung im Schaltplan nach *Bild 8.11 a.*

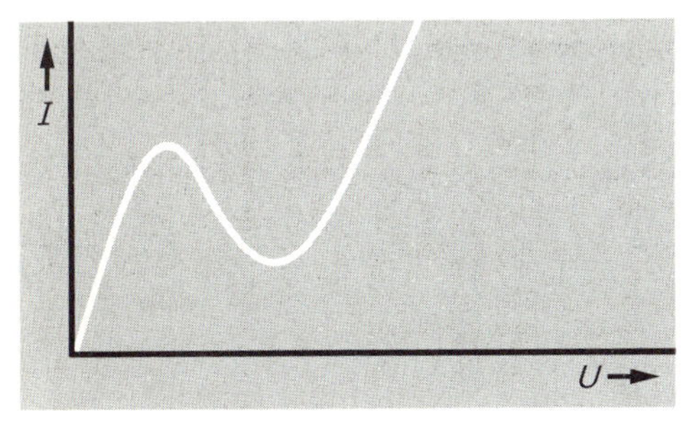

8.12 Zu Aufgabe 4

4. Auch eine „Tunneldiode“ hat eine fallende Kennlinie *(Bild 8.12)*. Erläutern Sie den Verlauf der Kennlinie. In welchem Bereich der Kennlinie läßt sich die Tunneldiode für Kippschaltungen einsetzen?

8.3 Der Feldeffekttransistor

In den *Kapiteln 3 und 6* haben Sie den Aufbau und die Arbeitsweise des bipolaren Transistors kennengelernt. Ganz anders arbeitet ein Transitortyp, der in diesem Abschnitt genauer untersucht werden soll. Man bezeichnet ihn

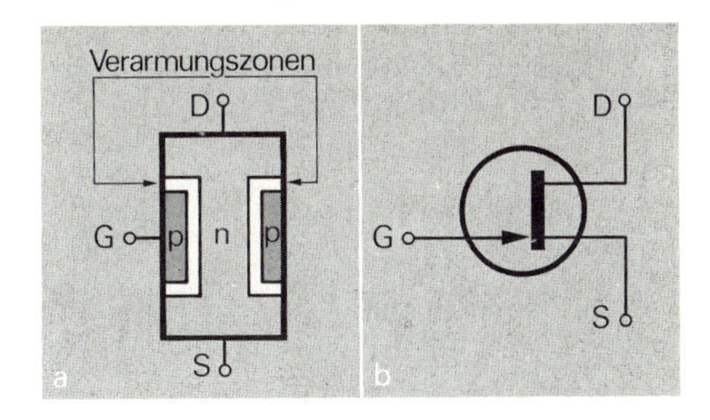

8.13 Ein Feldeffekttransistor kann aus einem n-dotierten „Kanal“ bestehen, der von einer p-dotierten Schicht umgeben ist. (a) Schematische Zeichnung (b) Schaltsymbol für einen FET

häufig kurz als **FET**, dies ist eine Abkürzung für **Feldeffekttransistor**.

Feldeffekttransistoren gibt es in verschiedenen Ausführungen. Die grundsätzlichen Überlegungen sollen nur an einem Typ untersucht werden, dessen ausführliche Bezeichnung n-Kanal-Sperrschicht-Feldeffekttransistor lautet. Für diesen Typ wird im folgenden Text die Bezeichnung FET gewählt.
Der hier beschriebene FET besteht aus einem n-dotierten Halbleitermaterial, in das eine p-dotierte Schicht eindiffundiert worden ist. *Bild 8.13 a* zeigt eine schematische Zeichnung im Querschnitt. Stellen Sie sich bitte die p-dotierte Zone zylindrisch um die n-dotierte Schicht angeordnet vor. Der p-dotierte Teil rechts im *Bild 8.13 a* ist also mit dem linken Teil verbunden.
Die n-dotierte Schicht bezeichnet man als Kanal, weil sie von der p-dotierten Zone eingegrenzt wird *(Bild 8.13 a)*. Die Anschlüsse an der n-dotierten Schicht heißen **Source** S[1] und **Drain** D[1]. Der Anschluß für die p-dotierte Zone wird mit **Gate** G bezeichnet. *Bild 8.13 b* zeigt das Schaltsymbol[2] für den schematisch dargestellten FET.

---

[1]) “Source“ von „Quelle“ und “Drain“ von „Abfluß“
[2]) Man findet auch die Schaltsymbole G–⊕ D S oder G–⊕ D S

Ein Feldeffekttransistor kann aus einem n-dotierten Kanal bestehen, um den herum eine p-dotierte Zone angeordnet wird.

Ähnlich wie bei einer Diode bildet sich beim unbeschalteten FET an den pn-Übergängen eine Verarmungszone aus. Diese Zone ist in den Zeichnungen punktiert dargestellt worden. Sie hat einen wesentlichen Einfluß auf die Arbeitsweise eines FET.

Legt man zwischen Gate G und Source S eine Spannung mit dem Minuspol am Gate G an, so verbreitert sich die Verarmungszone. Dadurch wird der n-dotierte Kanal schmaler. Da die Leitfähigkeit eines Leiters vom Querschnitt abhängt, beeinflußt die Breite der Verarmungszone die Leitfähigkeit des n-Kanals. Bei großer negativer Spannung am Gate G ist der Kanal besonders eng, so daß der Widerstand zwischen dem Sourceanschluß und dem Drainanschluß besonders groß ist *(Bild 8.14 a)*. Damit ist bereits ein wichtiges Ergebnis erkennbar: Die Leitfähigkeit des n-Kanals kann durch die Spannung am Gate gesteuert werden. Diese Erscheinung soll in der folgenden Untersuchung genauer dargestellt werden.

Der FET wird meist so beschaltet, daß der Drainanschluß am positiven Pol, der Sourceanschluß am negativen Pol einer Energiequelle liegt. Der positive Pol am Drainanschluß macht die Verarmungszone am Drainanschluß zusätzlich breiter. Der n-Kanal erhält daher in der schematischen Zeichnung eine Trichterform *(Bild 8.14 b)*.

8.14 (a) Mit der Größe der Gatespannung U_{GS} wird die Breite des n-Kanals gesteuert. (b) Liegt der Drainanschluß am positiven Pol der Energiequelle, so „schnürt" der n-Kanal wie ein Trichter zu.

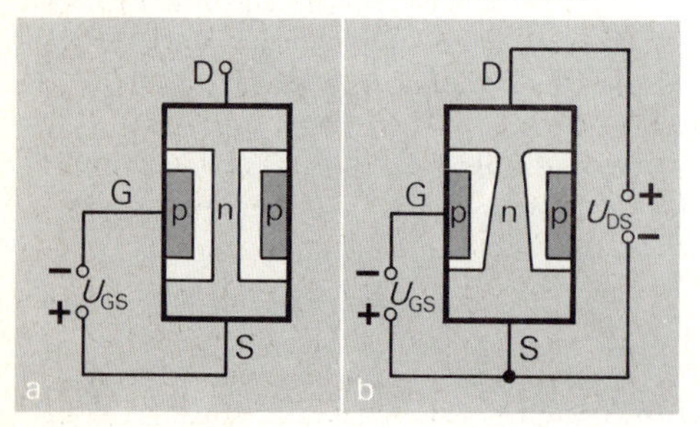

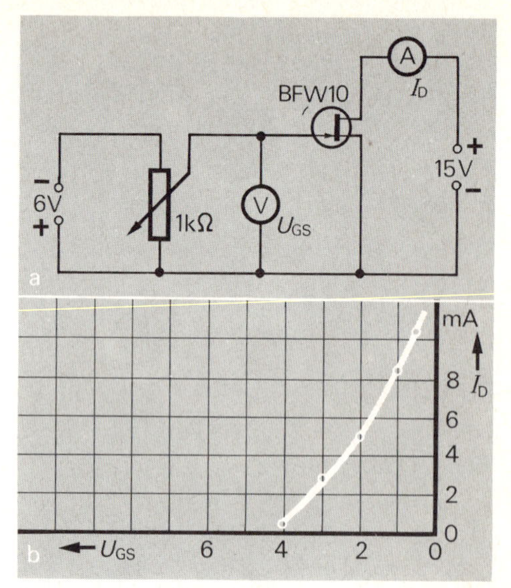

8.15 Bei der Steuerkennlinie eines FET wird die Abhängigkeit Drainstromstärke I_D von der Source-Gatespannung U_{GS} untersucht. (a) Schaltplan zur Aufnahme der Kennlinie (b) Verlauf der Steuerkennlinien bei einem FET

Für den Betrieb eines FET ist die **Steuerkennlinie** wichtig. Sie beschreibt den Zusammenhang zwischen dem Drainstrom I_D und der Source-Gatespannung U_{GS}. *Bild 8.15 a* zeigt einen Schaltplan zur Aufnahme der Steuerkennlinie. Im Versuch ergeben sich z.B. folgende Meßwerte:

U_{GS} in V	0,5	1,0	2,0	3,0	4,0
I_D in mA	10,4	8,4	5,0	2,8	0,5

Der Verlauf der Kennlinie ist in *Bild 8.15 b* gezeichnet. Da am Gate der Minuspol liegt, ist es üblich, die Spannungsachse für U_{GS} nach links zu zeichnen. Sie können am Verlauf der Kurve erkennen, daß die Stromstärke im n-Kanal mit steigenden Source-Gatespannung abnimmt. Bei einer Spannung von ungefähr 4,3 V fließt kein Strom mehr; dann ist der n-Kanal nicht leitend: der FET sperrt. Dies ist anhand der schematischen Zeichnung von *Bild 8.14b* zu erklären: Bei steigender Source-Gatespannung wird die Verarmungszone immer breiter, bis schließlich der n-Kanal im oberen Bereich „abgeschnürt" wird. Dann kann zwischen dem Source- und Drainanschluß kein Strom mehr fließen.

Der Drainstrom kann durch die Spannung am Gate gesteuert werden. Der Zusammenhang wird durch die Steuerkennlinie beschrieben.

Die Steuerung am FET erfolgt leistungslos. Dies ist für die Anwendung von besonderer Bedeutung. Da die Spannung am Gate stets so gepolt ist, daß die pn-Übergänge in Sperrichtung arbeiten, fließt über das Gate kein Strom. Daher ist auch die Leistung Null. Hier liegt ein wesentlicher Unterschied zum bipolaren Transistor. Beim bipolaren Transistor fließt über die Basis immer ein Strom.

Ein FET kann leistungslos angesteuert werden.

Beim FET wird wie beim bipolaren Transistor ebenfalls die **Ausgangskennlinie** angegeben (vgl. *Abschnitt 6.2).* Sie beschreibt den Zusammenhang zwischen der Source-Drainspannung U_{DS} und dem Drainstrom I_D.
Die Ausgangskennlinie kann mit einer Schaltung nach *Bild 8.16a* aufgenommen werden. Dabei wird die Spannung am Gate konstant gehalten. Die Ausgangskennlinie in *Bild 8.16b* ist nach dem folgenden Meßbeispiel gezeichnet worden:

U_{DS} in V	1,0	2,0	4,0	10,0	14,0
I_D in mA	1,7	2,5	3,0	3,3	3,4

Die Ausgangskennlinie steigt zunächst relativ steil an und geht dann in einen fast waagerechten Verlauf über, ähnlich wie beim bipolaren Transistor. Bei größeren Spannungen am Gate verläuft die Ausgangskennlinie ähnlich, sie liegt dann lediglich im Diagramm höher. Zur vollständigen Beschreibung wird das Ausgangskennlinienfeld mit der Source-Gatespannung U_{GS} als Parameter benötigt. Hier gleichen die Überlegungen der Darstellung im *Abschnitt 6.2* und *6.3*, so daß hier nicht weiter darauf eingegangen wird.

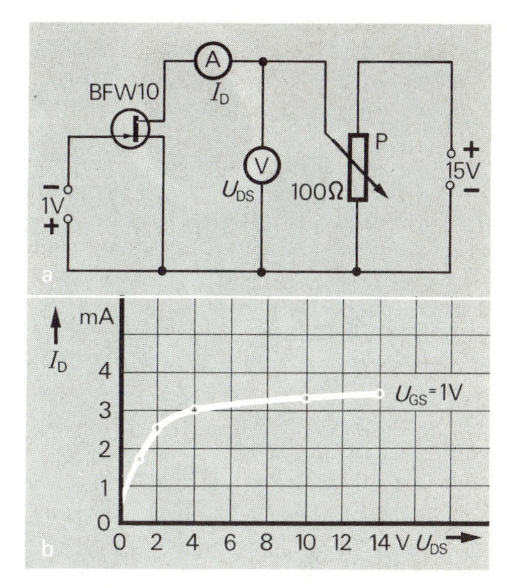

8.16 (a) Schaltplan zur Aufnahme der Ausgangskennlinie eines FET (b) Die Ausgangskennlinie von einem FET verläuft ähnlich wie bei einem bipolaren Transistor.

Als Anwendungsbeispiel soll abschließend eine Verstärkerschaltung mit einem FET erläutert werden *(Bild 8.17).* Die Kondensatoren und der Widerstand R_D in der Drainzuleitung haben die gleiche Aufgabe, wie beim Verstärker mit einem bipolaren Transistor (vgl. *Abschnitt 6.5).* Besondere Bedeutung haben dabei die Widerstände R_G und R_S.
Da die Schaltung nicht wie bei der Aufnahme der Kennlinien mit zwei Energiequellen arbeitet, muß durch einen Kniff erreicht werden, daß das Gate negativer als der Sourceanschluß

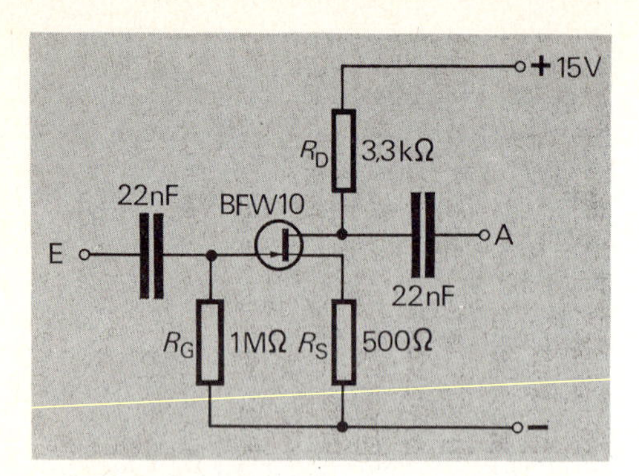

8.17 Arbeitet ein FET als Verstärker, so kann die negative Gate-Vorspannung durch einen Widerstand R_S in der Sourceleitung erzeugt werden.

ist. Das Gate ist über den Widerstand R_G mit dem Minuspol der Energiequelle verbunden. Da kein Gatestrom fließt, liegt der Minuspol praktisch direkt am Gate. Fließt nun durch den FET ein Strom, so fällt über dem Widerstand R_S eine Spannung ab, die ihren Pluspol am Sourceanschluß besitzt. So besteht also zwischen Gate und Source eine Spannung; der negative Pol liegt am Gate.

Mit einem FET kann ein Verstärker hergestellt werden. Die negative Gatevorspannung wird durch einen Widerstand in der Sourceleitung automatisch erzeugt.

Aufgaben

1. Wie würde eine schematische Zeichnung eines FET aussehen, wenn am Gate der Pluspol der Energiequelle liegt?

2. *Bild 8.18* zeigt einen p-Kanal-FET. Wie muß dieser Typ an die Energiequellen angeschlossen werden?

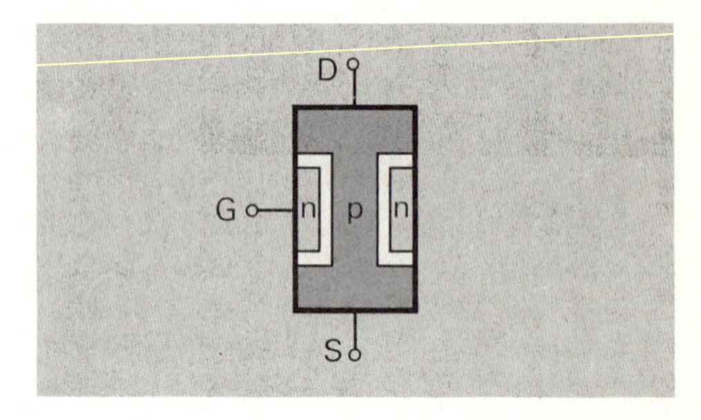

8.18 Zu Aufgabe 2

3. Bei einem FET gibt man nur zwei Kennlinien an und nicht vier wie beim bipolaren Transistor. Warum?

4. In der Verstärkerschaltung von *Bild 8.17* ist der Widerstand R_G mit 1 M Ω angegeben. Trotzdem liegt der Minuspol am Gate. Woran liegt es, daß er einen so großen Widerstand haben kann? Warum kann das Gate nicht direkt mit dem Minuspol verbunden werden?

9. Schaltungsbeispiele

Bei der Arbeit mit diesem Buch haben Sie viele elektronische Bauelemente in ihrem Aufbau und ihrer Wirkungsweise kennengelernt. In elektronischen Schaltungen werden fast immer mehrere und auch verschiedene Bauelemente zusammengesetzt. Nun kann es also mit der eigentlichen Elektronik erst richtig losgehen.
Die folgenden Schaltungsbeispiele sollen Ihnen einen „Vorgeschmack" geben. Vielleicht haben Sie inzwischen so viel Spaß am Experimentieren gefunden, daß sie selbst weitere Beispiele entwickeln und erproben wollen.

9.1 Ein stabilisiertes Netzgerät

Fast alle elektronischen Schaltungen benötigen für den Betrieb eine Gleichspannung. Grundsätzlich lassen sich dazu Batterien verwenden. Die Lebensdauer von Batterien ist jedoch in der Regel kurz, ihr Einsatz wird daher zu kostspielig.
Das Elektrizitätswerk gibt eine Wechselspannung ab. Für den Betrieb elektronischer Geräte wird häufig die Wechselspannung in eine Gleichspannung umgewandelt. Diese Aufgabe übernehmen **Netzgeräte**.

Netzgeräte werden mit unterschiedlicher Qualität (und unterschiedlichem Preis) hergestellt. Ein wichtiges Gütezeichen für ein Netzgerät ist seine Stabilität. Damit wird beschrieben, wie stark sich die Gleichspannung am Ausgang ändert, wenn unterschiedliche Verbraucher angeschlossen werden. Im Idealfall soll die Ausgangsspannung immer konstant bleiben.
Einen einfachen Schaltplan für ein stabilisiertes Netzgerät zeigt *Bild 9.1.* Die Arbeitsweise der Schaltung soll nun beschrieben werden:
Mit einem Transformator, der nicht im Schaltplan eingezeichnet ist, wird die Wechselspannung zunächst von 220 V auf 13 V heruntertransformiert. Diese Wechselspannung wird auf einen **Brückengleichrichter** B gegeben. Dieser Brückengleichrichter besteht aus einer Graetzschaltung und ist meistens als Bauelement erhältlich. Am Ausgang des Brückengleichrichters entsteht eine pulsierende

9.1 Schaltplan für ein einfaches Netzgerät

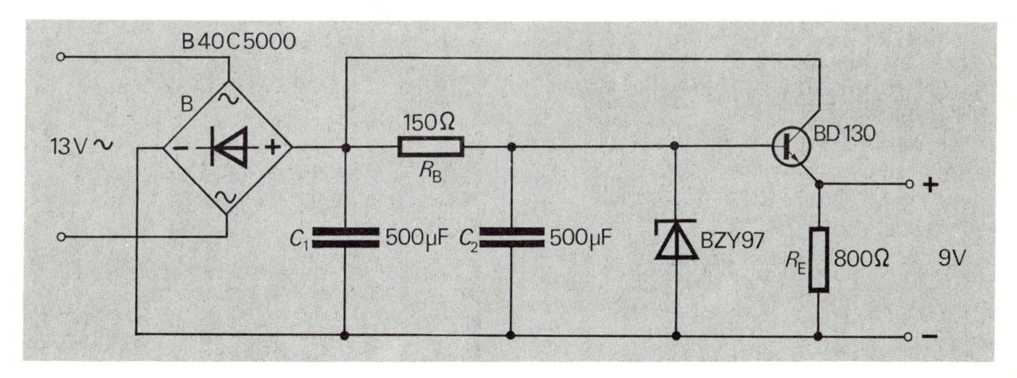

Gleichspannung; durch den Kondensator C_1 wird sie so „geglättet", daß nur noch eine sehr geringe Änderung der Gleichspannungsamplitude auftritt.
Der Widerstand R_B erfüllt in der Schaltung zwei Aufgaben. Zum einen bildet er mit der Z-Diode einen Spannungsteiler für die Basisspannung am Transistor, zum anderen lädt er den Kondensator C_2 auf, so daß für die Basis eine noch glattere Gleichspannung zur Verfügung steht.
Der Transistor ist als Emitterfolger geschaltet. Am Emitterwiderstand R_E entsteht die Ausgangsspannung. Da ein Emitterwiderstand einen sehr kleinen Ausgangswiderstand hat, ist diese Schaltungsart des Transistors besonders geeignet. Denn allgemein ist die Ausgangsspannung einer Schaltung dann vom „Verbraucherstrom" unabhängig, wenn der „Innenwiderstand" klein ist. An der Basis ist durch die Z-Diode eine konstante Spannung angelegt, so daß auch am Ausgang die Spannung konstant ist. Ändert sich aufgrund eines zugeschalteten Verbrauchers die Stromstärke durch den Transistor, so bleibt die Spannung an der Basis trotzdem konstant: daher ändert sich auch die Ausgangsspannung nicht. Sie bleibt stabil.

9.2 Ein akustisches Warngerät

Sie haben bereits mehrere Möglichkeiten kennengelernt, wie man elektronische Warnanlagen erstellen kann. Die beschriebenen Versuchsanordnungen hatten eher Modellcharakter, als daß sie technisch in dieser Form genutzt werden könnten. Nun soll eine Schaltung vorgestellt und beschrieben werden, die auch in Serie hergestellt und verkauft werden könnte.

Das Warngerät nach *Bild 9.2* soll folgendermaßen arbeiten: Fällt Licht auf einen Fotowiderstand, so entsteht ein schriller Ton. Dies akustische Signal soll auch dann erhalten bleiben, wenn der Fotowiderstand nach der Beleuchtung wieder abgedunkelt wird. In der Praxis heißt das z.B.: Beleuchtet ein Einbrecher einen abgedunkelten Raum mit der Taschenlampe, so ertönt Alarm, der auch dann erhalten bleibt, wenn die Lampe gleich wieder verlischt.
Wie arbeitet die dargestellte Schaltung? Der Fotowiderstand liegt in einem Spannungsteiler an der Basis des Schalttransistors T_1. Dieser Transistor ist als Emitterfolger geschaltet, dessen Ausgang das Gate eines Thyristors Thy ansteuert. Wird nun der Fotowiderstand kurzzeitig beleuchtet, so wird der Schalttransistor leitend, und das Gate des Thyristors liegt am Pluspol der Energiequelle. Der Thyristor zündet und bleibt auch in diesem Zustand, wenn der Fotowiderstand nicht mehr beleuchtet wird.
Das akustische Signal wird von einer Kippschaltung geliefert, die mit einem UJT (T_2) aufgebaut ist. Durch den Widerstand R_G und den Kondensator C_G ist die Tonhöhe bestimmt. Der Impuls wird über dem Widerstand R_{B_1} abgegriffen und über einen Kondensator der nachgeschalteten Verstärkerstufe mit dem Transistor T_3 zugeführt. In einem Lautsprecher wird der Ton hörbar gemacht.
Die Spannungsversorgung für den UJT erfolgt über den Thyristor. Die Schwingung setzt also erst ein, wenn der Thyristor gezündet hat, d.h. wenn der Fotowiderstand beleuchtet worden ist. Der in Reihe zum Thyristor geschaltete Widerstand R_1 ist erforderlich, damit der Haltestrom am Thyristor nicht unterschritten wird. Die Stromstärke durch den UJT ist in der Regel zu klein.
Der hörbare Ton kann nur dadurch wieder abgeschaltet werden, daß die Verbindung zur Energiequelle unterbrochen wird, z.B. durch einen Schalter.

9.3 Ein Reaktionszeitmesser

Im Straßenverkehr ist die Reaktionszeit eines Menschen von großer Bedeutung. Ein einfaches Gerät, die Reaktionszeit zu messen, läßt sich mit wenigen Bausteinen der digitalen Elektronik aufbauen *(Bild 9.3)*.

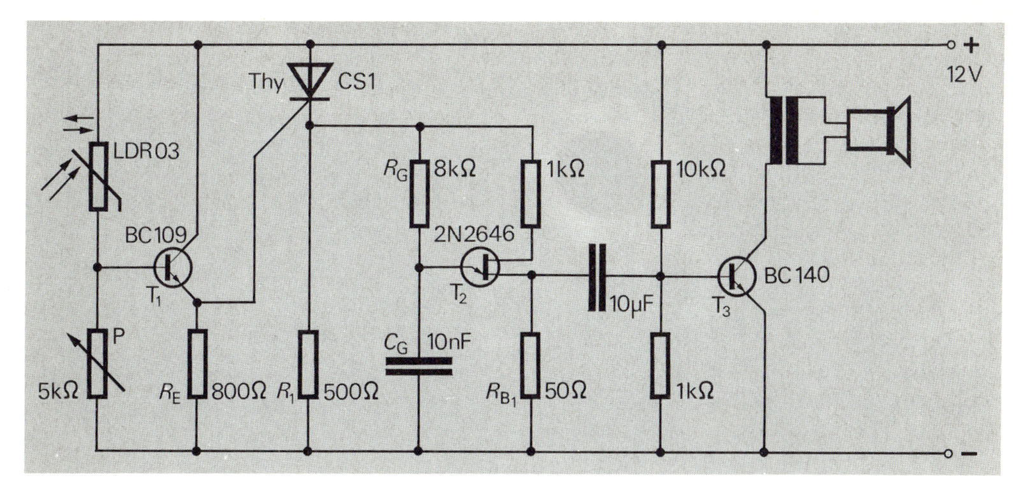

9.2 Schaltplan für ein akustisches Warngerät

Die Messung soll wie folgt ablaufen: Die Testperson muß Taste T_2 bedienen. Sie hat die Aufgabe, die Taste T_2 dann zu drücken, wenn eine rote Lampe aufleuchtet. Bei der hier beschriebenen einfachen Ausführung des Gerätes wird ein Tester zur Bedienung des Gerätes benötigt. Betätigt der Tester die Taste T_1, so leuchtet die rote Lampe auf; ein Zähler zeigt die Zeit an, die vergeht, bis die Testperson die Taste T_2 drückt.

9.3 Schaltplan für einen Reaktionszeitmesser

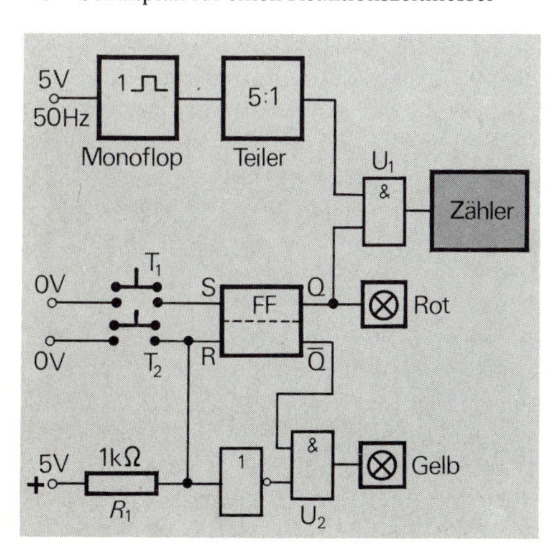

Die Arbeitsweise der Schaltung ist nicht schwer zu verstehen: Zur Zeitmessung wird eine „Zeitbasis" benötigt, die eine Impulsfolge mit bekannter Frequenz erzeugt. Dazu dient die Wechselspannung mit der Frequenz $f = 50$ Hz. Hinter dem Monoflop entsteht aus der Sinusform ein Rechteckimpuls, der über einen Teiler 5:1 am Eingang des UND-Bausteins U_1 liegt. Hat auch der zweite Eingang dieses UND-Bausteins den Zustand H, so werden die Impulse vom Zähler gezählt. Bei der Frequenz von 10 Hz ist die Zeit auf $\frac{1}{10}$ Sekunde ablesbar.

Ob der Zähler die Impulse zählt oder nicht, wird über das Flipflop FF und die Tasten T_1 und T_2 gesteuert. Zu Beginn der Messung ist das Flipflop zurückgesetzt, so daß der Ausgang Q den Zustand L hat. Durch den UND-Baustein U_1 ist der Zähler gestoppt. Drückt nun der Tester die Taste T_1, dann nimmt der Ausgang Q den Zustand H an. Die Zeit „läuft", und gleichzeitig leuchtet die Lampe „Rot" auf. Der Zähler zählt nun so lange die Impulse, bis die Testperson die Taste T_2 drückt, denn dann wird das Flipflop wieder zurückgesetzt. Die Reaktionszeit der Testperson ist am Zähler ablesbar.

Natürlich darf die Testperson nicht mogeln und schon die Taste T_2 drücken, bevor die rote

Lampe aufleuchtet. Wird dennoch gemogelt, so leuchtet die Lampe „Gelb“ auf, und die Messung muß erneut gestartet werden. Die gelbe Lampe wird nämlich durch den UND-Baustein U_2 angesteuert. Seine Eingänge sind mit dem Ausgang $\overline{Q}$ und dem Ausgang eines NICHT-Bausteins verbunden. Bevor der Tester die Taste T_1 drückt, hat der $\overline{Q}$-Ausgang des Flipflops den Zustand H. Am Ausgang des NICHT-Bausteins liegt dann der Zustand L, weil sein Eingang über einen Widerstand mit dem Pluspol verbunden ist. Die gelbe Lampe bleibt dabei dunkel.

Wird nun T_2 gedrückt, ohne daß vorher T_1 betätigt worden war, liegt am Eingang des NICHT-Bausteins der Zustand L. Der Ausgang nimmt dann den Zustand H an, und die Lampe „Gelb“ leuchtet auf. (Nach „Verwarnung“ der Testperson kann die Messung erneut gestartet werden.)

Die Meßgenauigkeit der Schaltung ist nicht sehr groß, weil nur auf $^1/_{10}$ Sekunde genau gemessen werden kann. Eine wesentliche Verbesserung wird dadurch erreicht, daß an Stelle der Netzfrequenz z.B. mit einer astabilen Kippstufe gearbeitet wird, deren Frequenz 1 kHz beträgt. Dann läßt sich die Reaktionszeit auf $^1/_{1000}$ Sekunde genau ablesen.

Anhang

I. Kenndaten des Transistors BC 109 (Auszug aus dem Datenbuch 1975/76 von Siemens)

NPN-Silizium-Transistoren **BC 107 BC 108 BC 109**

für NF-Vor- und Treiberstufen sowie universelle Anwendung
Obige Transistoren sind epitaktische NPN-Silizium-Planar-Transistoren zur Verwendung in NF-Vor- und Treiberstufen (BC 109, für rauscharme Vorstufen).
Im Metall-Gehäuse 18 A 3 DIN 41 876 (TO–18)
als Komplementär-Transistoren zu BC 177, BC 178 und BC 179.
Der Kollektor ist elektrisch mit dem Gehäuse verbunden.

Typ	**Bestellnummer**
BC 107 A	060203-X107-A
BC 107 B	060203-X107-B
BC 108 A	060203-X108-A
BC 108 B	060203-X108-B
BC 108 C	060203-X108-C
BC 109 B	060203-X109-B
BC 109 C	060203-X109-C

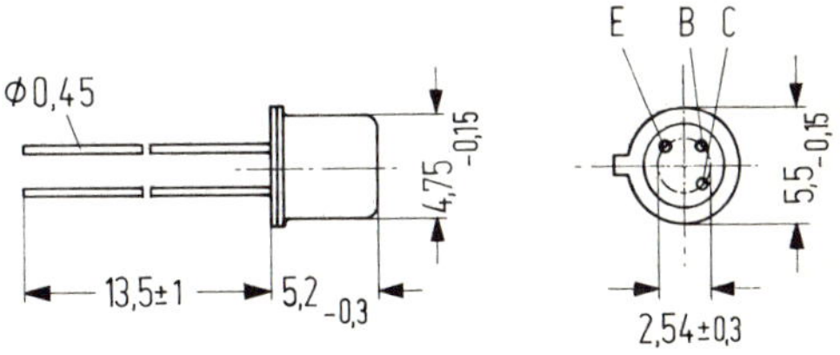

Grenzdaten		**BC 107**	**BC 108**	**BC 109**	
Kollektor-Emitter-Spannung	U_{CES}	50	30	30	V
Kollektor-Emitter-Spannung	U_{CEO}	45	20	20	V
Emitter-Basis-Spannung	U_{EBO}	6	5	5	V
Kollektorstrom	I_C	100	100	50	mA
Kollektor-Spitzenstrom	I_{CM}	200	200	–	mA
Basistrom	I_B	50	50	5	mA
Sperrschichttemperatur	T_j	175	175	175	°C
Lagertemperatur	T_s		– 55 bis + 175		°C
Gesamtverlustleistung	P_{tot}	300	300	300	mW
Wärmewiderstand					
Kollektorsperrschicht – Luft	R_{thJU}	≦ 500	≦ 500	≦ 500	K/W
Kollektorsperrschicht – Transistorgehäuse	R_{thJG}	≦ 200	≦ 200	≦ 200	K/W

Statische Kenndaten ($T_U = 25°C$). Die Transistoren werden nach der statischen Stromverstärkung B gruppiert und mit A, B, C gekennzeichnet. Bei $U_{CE} = 5$ V und untenstehenden Kollektorströmen gelten die nachfolgenden statischen Werte:

B-Gruppe	A	B	C
Typ	**BC 107** **BC 108** –	**BC 107** **BC 108** **BC 109**	– **BC 108** **BC 109**
I_C mA	B I_C/I_B	B I_C/I_B	B I_C/I_B
0,01 2 100[2]	90 170 (120 bis 220) 120	150 290 (180 bis 460) 200[2]	270 500 (380 bis 800) 400[2]

Typ	**BC 107**	**BC 108**		**BC 109**	
I_C mA	U_{BE} V	I_C mA	I_B mA	U_{CEsat}[1] V	U_{BEsat}[1] V
0,1 2 100[2]	0,55 0,62 (0,55 bis 0,7) 0,83[2]	10 100[2]	0,5 5	0,07 (<0,2) 0,2 (<0,6)[2]	0,73 (<0,83) 0,87 (<1,05)[2]

Statische Kenndaten ($T_U = 25°C$)		**BC 107**	**BC 108**	**BC 109**	
Kollektor-Emitter-Reststrom ($U_{CES} = 50$ V)	I_{CES}	0,2 (<15)	–	–	nA
Kollektor-Emitter-Reststrom ($U_{CES} = 30$ V)	I_{CES}	–	0,2 (<15)	0,2 (<15)	nA
Kollektor-Emitter-Reststrom ($U_{CES} = 50$ V; $T_U = 125°C$)	I_{CES}	0,2 (<4)	–	–	μA
Kollektor-Emitter-Reststrom ($U_{CES} = 30$ V; $T_U = 125°C$)	I_{CES}	–	0,2 (<4)	0,2 (<4)	μA
Emitter-Basis-Durchbruchspannung ($I_{EBO} = 1\,\mu A$)	$U_{(BR)EBO}$	> 6	> 5	> 5	V
Kollektor-Emitter-Durchbruchspannung ($I_{CEO} = 2$ mA)	$U_{(BR)CEO}$	> 45	> 20	> 20	V

---

[1]) Der Transistor ist so weit übersteuert, daß die statische Stromverstärkung auf einen Wert von $B = 20$ abgesunken ist.

[2]) Meßwerte gelten nicht für BC 109.

Dynamische Kenndaten ($T_U = 25°C$)		BC 107	BC 108	BC 109	
Transitfrequenz					
($I_C = 0{,}5\,mA$; $U_{CE} = 3\,V$)	f_T	85	85	85	MHz
Transitfrequenz ($I_C = 10\,mA$; $U_{CE} = 5\,V$; $f = 100\,MHz$)	f_T	250 (> 150)	250 (> 150)	300 (> 150)	MHz
Kollektor-Basis-Kapazität ($U_{CBO} = 10\,V$; $f = 1\,MHz$)	C_{CBO}	3,5 (< 6)	3,5 (< 6)	3,5 (< 6)	pF
Emitter-Basis-Kapazität ($U_{EBO} = 0{,}5\,V$; $f = 1\,MHz$	C_{EBO}	8	8	8	pF
Rauschmaß ($I_C = 0{,}2\,mA$; $U_{CE} = 5\,V$; $R_G = 2\,k\Omega$; $\Delta f = 30\,Hz$ bis $15\,kHz$)	F	–	–	< 4	dB
Rauschmaß ($I_C = 0{,}2\,mA$ $U_{CE} = 5\,V$; $R_G = 2\,k\Omega$, $f = 1\,kHz$; $\Delta f = 200\,Hz$)	F	2 (< 10)	2 (< 10)	< 4	dB

Dynamische Kenndaten ($T_U = 25°C$)
$I_C = 2\,mA$; $U_{CE} = 5\,V$; $f = 1\,kHz$

B-Gruppe	**A**	**B**	**C**	
Typ	**BC 107** **BC 108**	**BC 107** **BC 108** **BC 109**	**–** **BC 108** **BC 109**	
h_{11e}	2,7 (1,6 bis 4,5)	4,5 (3,2 bis 8,5)	8,7 (6 bis 16)	kΩ
h_{12e}	1,5	2	3	10^{-4}
h_{21e}	220 (125 bis 260)	330 (240 bis 500)	600 (450 bis 900)	–
h_{22e}	18 (< 30)	30 (< 60)	60 (< 110)	μS

Temperaturabhängigkeit der
zulässigen Gesamtverlustleistung
$P_{tot} = f(T)$; R_{th} = Parameter
BC 107, BC 108, BC 109

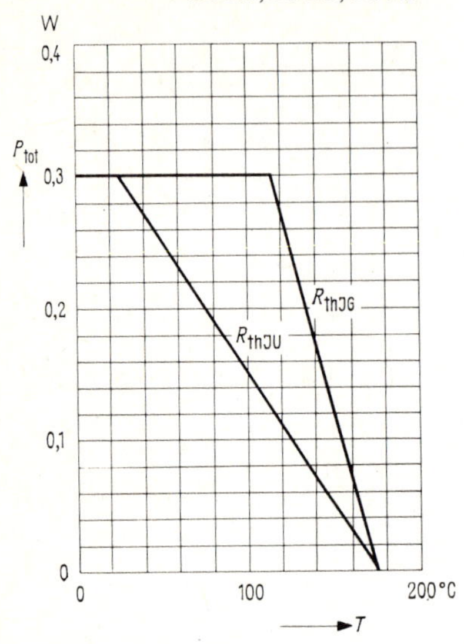

Zulässige Impulsbelastbarkeit
$r_{thJG} = f(t)$; ν = Parameter
BC 107, BC 108, BC 109

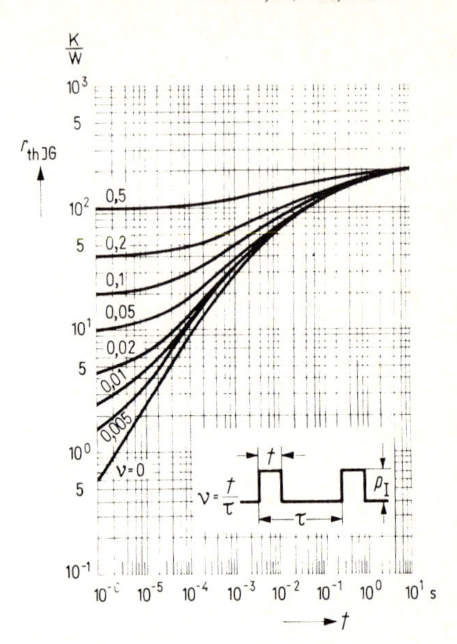

Kollektorstrom $I_c = f(U_{BE})$
U_{CE} = 5 V (Emitterschaltung)
BC 107, BC 108, BC 109

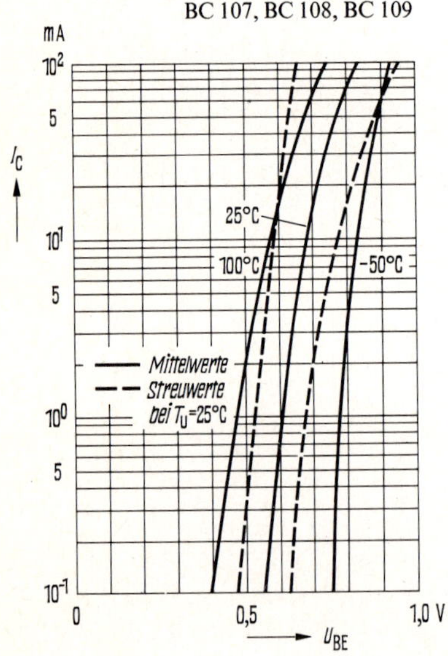

Eingangskennlinie $I_B = f(U_{BE})$
U_{CE} = 5 V (Emitterschaltung)
BC 107, BC 108, BC 109

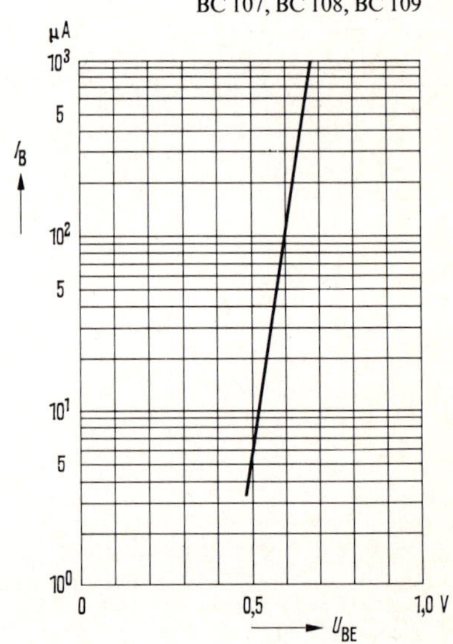

Stromverstärkung $B = f(I_C)$
$U_{CE} = 5$ V; T_U = Parameter
(Emitterschaltung)
BC 107, BC 108, BC 109

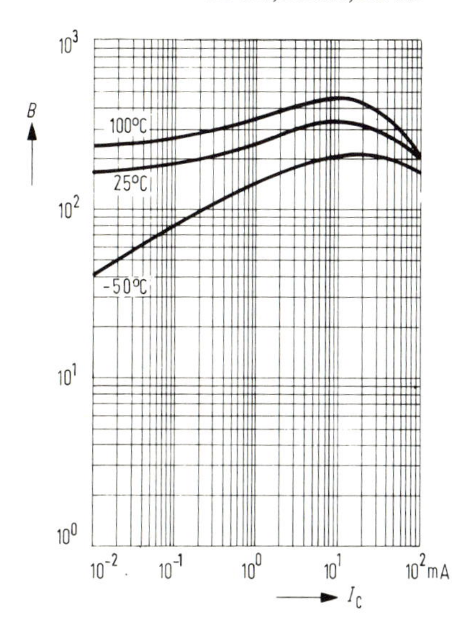

Ausgangskennlinien $I_C = f(U_{CE})$
I_B = Parameter (Emitterschaltung)
BC 107, BC 108, BC 109

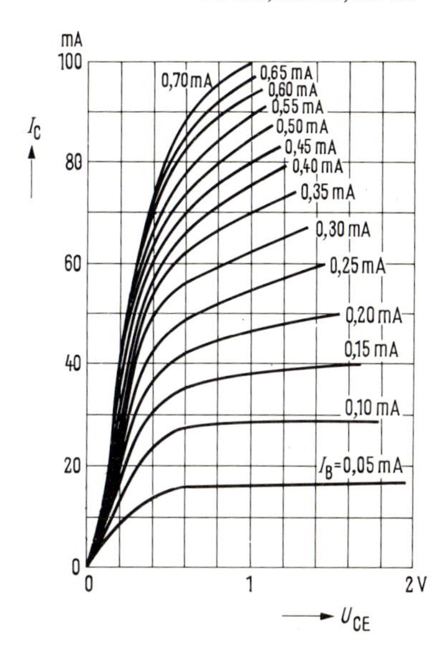

Ausgangskennlinien $I_C = f(U_{CE})$
I_B = Parameter (Emitterschaltung)
BC 107

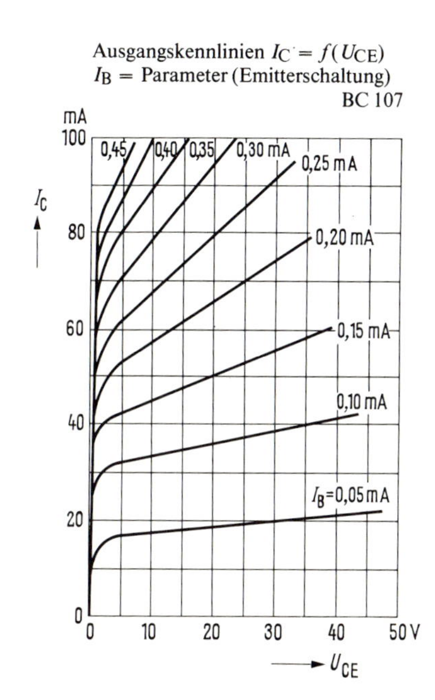

Ausgangskennlinien $I_C = f(U_{CE})$
I_B = Parameter (Emitterschaltung)
BC 107, BC 108, BC 109

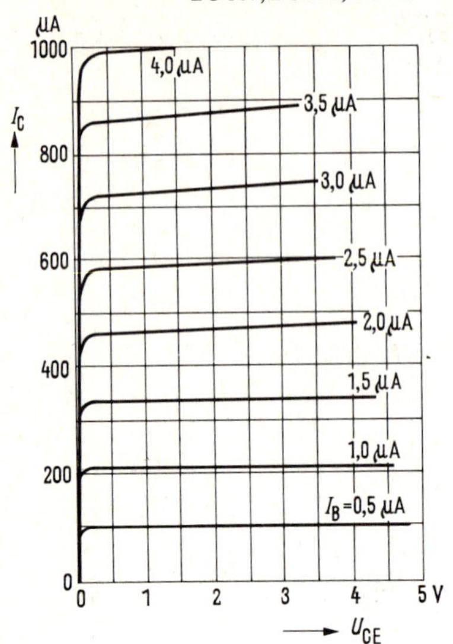

Ausgangskennlinien $I_C = f(U_{CE})$
I_B = Parameter (Emitterschaltung)
BC 107, BC 108, BC 109

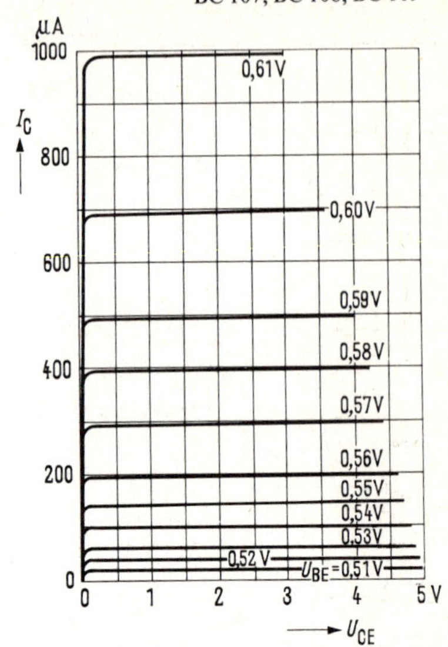

Sättigungsspannung $U_{CEsat} = f(I_C)$
$B = 20$; T_u = Parameter
(Emitterschaltung)
BC 107, BC 108, BC 109

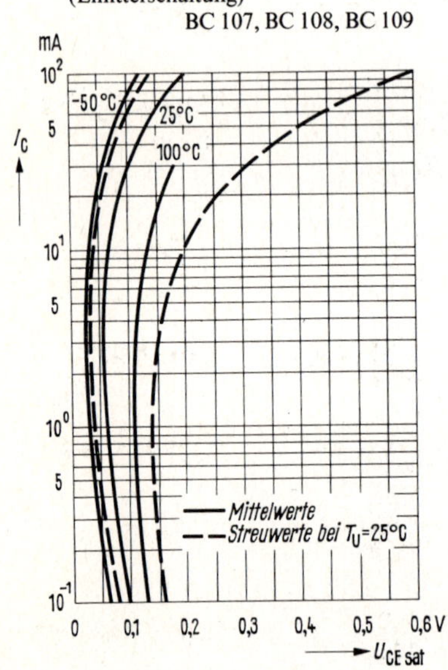

Sättigungsspannung $U_{BEsat} = f(I_C)$
$B = 20$; T_u = Parameter
(Emitterschaltung)
BC 107, BC 108, BC 109

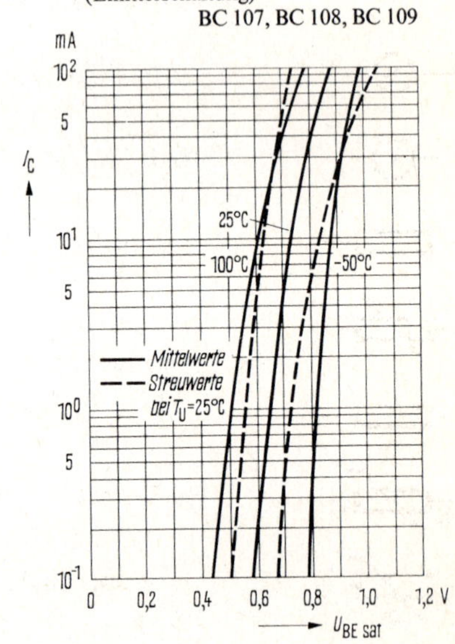

II. Schaltsymbole, die im Buch benutzt worden sind.

Leitungsverbindung

Kreuzung von Leitungen ohne Verbindung

Abzweigung einer Leitung

Kreuzung von Leitungen mit Verbindung

Masseanschluß

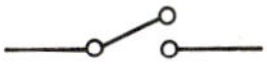

Schalter

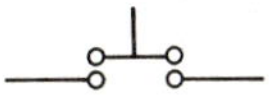

Taste

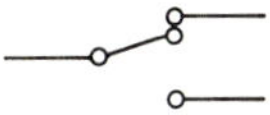

Umschalter

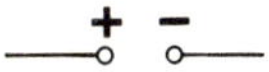

Energiequelle mit Gleichspannung

Energiequelle mit Wechselspannung

Strommesser

Spannungsmesser

ohmscher Widerstand

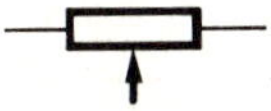

regelbarer Widerstand oder Potentiometer

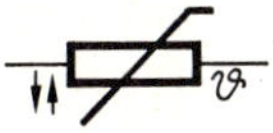

Heißleiter

Fotowiderstand

Glühlampe

Lampentreiber

Kondensator

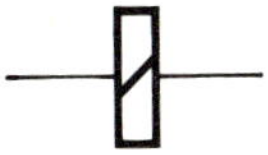

Relais

Motor

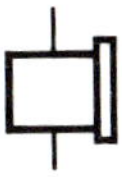

Ohrhörer

Lautsprecher

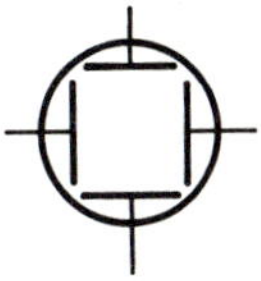

Oszilloskop

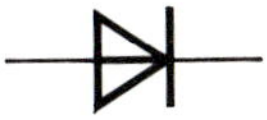

Diode

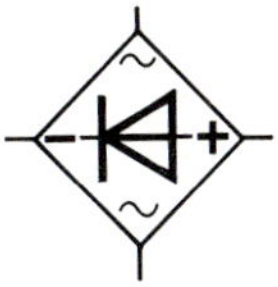

Brückengleichrichter

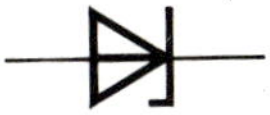

Z-Diode

Fotodiode

Fotoelement

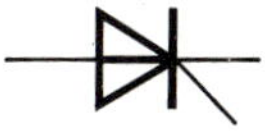

Thyristor

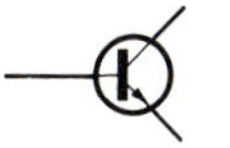

npn-Transistor

pnp-Transistor

Unijunktiontransistor UJT

Feldeffekttransistor FET

Verstärker

Operationsverstärker

NICHT

NAND

UND

NOR

ODER

Halbaddierer

Volladdierer

RS-Flipflop

Flipflop mit Taktzustandssteuerung

Master-Slave-Flipflop

Monoflop

astabile Kippstufe

III. Literaturhinweise

Einige Bücher, die Ihnen weitere Information geben können.

Albrecht, K. / Farber, M.-U.: Elektronik mit Halbleiter-Bauelementen. Köln, Aulis Verlag (1973)

Kleemann, J.: Halbleiter-Experimente. Radio-Praktiker-Bücherei, Franzis Verlag, München (1971)

Müller, F.: Schaltungen der analogen und digitalen Elektronik. TOPP-Buchreihe Band 74, Frech Verlag, Stuttgart-Botnang (1976)

Richter, H.: Neue Halbleiter-Praxis. Telekosmos-Verlag, Stuttgart (1970)

Schlomka, C. / Wezel, D.: Elektronik für Sie (1). Hueber-Holzmann-Verlag, München (1975)

Schlomka. C. / Steen, U. / Nickening, M.: Elektronik für Sie (2). Hueber-Holzmann-Verlag, München (1977)

Starke, L.: Schaltungslehre der Elektronik. Frankfurter Fachverlag, Frankfurt (1976)

Teichmann, H.: Halbleiter. B-I-Hochschultaschenbücher-Verlag, Mannheim (1961)

Voit, F.: Die Halbleiter im Unterricht. Praxis-Schriftenreihe, Aulis Verlag, Köln (1962)

Wirsum, S.: Schalten, Steuern, Regeln, Stellen und Verstärken. Franzis Verlag, München (1979)

Wolf, G.: Digitale Elektronik. Franzis Verlag, München (1971)

Sachwortverzeichnis

Fotonachweis

AT-Fachverlag, Stuttgart, entnommen aus: Der Elektroniker. Heft 3/1974 *(4.11)*

dpa, Deutsche Presseagentur, Büro Stuttgart *(S. 85)*

Enatechnik, Alfred Neye, Quickborn *(5.26)*

Foto-Arbeitsgemeinschaft des Gymnasiums Hebbelschule, Kiel *(2.3; 3.15; 3.16; 5.14; 5.15; 6.8; 6.27; 7.15; 8.5)*

Gesellschaft für Regulationstechnik und Simulationstechnik, Darmstadt *(4.13)*

Harz-Foto Barke, Clausthal-Zellerfeld *(1.1)*

IBM DEUTSCHLAND, Stuttgart *(4.1)*

Leuze electronic, Owen-Teck *(2.21)*

NEVA, Elektrotechnische Fabrik Dr. Vatter, Geislingen *(7.1)*

RIM electronic, RADIO RIM München *(2.4; 6.28)*

RWE, Rheinisch-Westfälisches Elektrizitätswerk, Essen *(2.24)*

VALVO Unternehmensbereich Bauelemente der Philips GmbH, Hamburg *(1.12; 2.19; 3.7; 7.11; 8.2)*

SIEMENS AG, München *(1.6; 2.16; 3.1; 4.9; 4.15)*